KB127900

무질서가 만든 질서

일러두기

- 책에 등장하는 주요 인명, 지명, 기관명 등은 국립국어원 외래어 표기법을 따랐지만 일부 단어에 대해서는 소리 나는 대로 표기했다.
- 단행본은 《 》, 연속간행물, 시 등은 〈 〉로 구분했다.
- 국내에 소개되지 않은 도서는 직역하여 표기했다.
- 본문의 각주는 옮긴이 주이다.

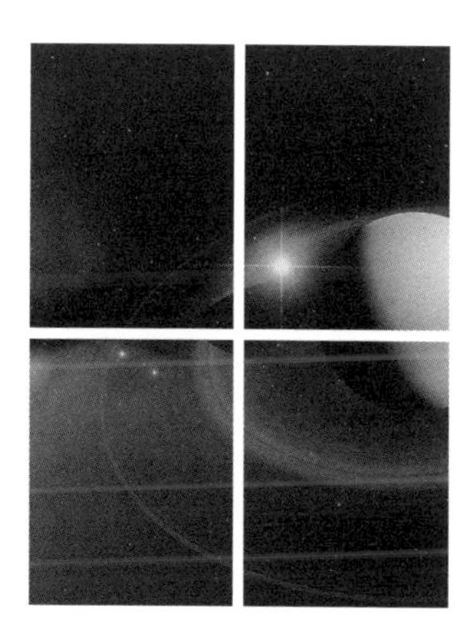

인류와 우주의 진화 코드

무질서가 만든 질서

스튜어트 A. 카우프만 지음 | 김희봉 옮김

옮긴이 서문

우리는 물리학 너머의 세계에 있다

살아있는 것과 살아있지 않은 것 사이에는 거대한 간극이 있다. 물질에서 어떻게 생명이 만들어질 수 있는가? 이 책은 이 문제를 직접 공격한다. 전통적으로 이 질문은 과학으로 대답할 수 없는, 신화와 종교의 영역으로 여겨졌다. 그러나 스튜어트 카우프만은 물리적 세계에서 생명이 어떻게 나타날 수 있었는지에 대해 화학적 수준에서 설명을 시도하며, 생명의 출현은 더 이상 신비가 아니라고 힘주어 말한다.

생명을 이해할 수 있다고 해서 그다음 단계의 진화를 예측할 수 있는 건 아니다. 과학은 대상을 완벽히 이해하고, 그 지식을 바탕으로 미래를 예측하려고 한다. 그러나 실세계에는 완벽히 이해할 수 있는 대상이 거의 없을뿐더러, 이를 바탕으로 미래를 예측하기는 더욱 어렵다(불가능한 때도 많다). 이른바 '복잡계'가 여기에 해당하는데, 그 예로 날씨나 주식 시장을 들 수 있다. 그중에서도 생명은 가장 대표적인 복잡계로, 카우프만에 따르면 이해할 수는 있지만, 예측은 거의 불가능한 경우이다.

이 책은 화학적 창세기의 시나리오를 제시한다. 특히 카우프만 자신이 만든 개념인 자가촉매 집합이 중요한 역할을 한다. 이 시나리오를 간략히 살펴보자. 첫째, 단백질과 DNA를 비롯한 생명의 재료들이 단순한 단위들의 조합으로 무궁무진한 가능성을 가진다. 둘째, 이 무궁무진한 가능성을 바탕으로 자기조직화가 거의 필연적으로 일어난다. 셋째, 자기조직화에 의해 번식이 가능한 원시세포protocell가 나타날 수 있다. 넷째, 원시세포가 증식을 거듭하면서 여러 변종이 생기고, 변종끼리 서로 기회를 창출하며 개체 수가 많아지고, 다양한 종이 끊임없이 생기면서 진화해 나갈 수 있다.

이러한 방식으로 우주에는 거의 필연적으로 생명이 나타난다. 그러나 생명이 어떻게 창발하고 진화하는지를 구체적으로 예측할 수는 없다. 그것은 원자와 분자의 다양한 조합으로 만들어질 수 있는 가능성이 매우 많은 데다, 진화의 방향이 상황에 크게 의존하기 때문이다. 카우프만은 이러한 특성을 두고 생명의 진행이 무법칙적lawless이라고 말한다.

책 속의 논의에서 가장 핵심적인 부분은, 저자가 정성 들여 매우 압축적으로 설명한 화학 진화에 관한 이야기이다. RNA, 지질, 단백질과 같은 생명의 구성단위가 서로의 생성을 촉진하여 순환 고리를 이루는 재생산 메커니즘이 저절로 생길 수 있다는 것이다. 이러한 논의를 바탕으로, 카우프만은 수많은 과학자가 토로하는 세계의 무의미성을 반박한다. 각 분야에 있는 과학자들은 과학을 깊이 연구하면 할수록 세계가 철저히 무의미하게 느껴진다고 말한다. 그러나 카우프만은 세계가 늘 새로운 가능성에 열려 있으며, 따라서 세계는 의미로 가득하다고 말한다.

방대한 주제를 길지 않은 분량으로 요령껏 설명한 책이지만, 읽고 이해하기는 그리 쉽지 않다. 그 이유는 물리학, 화학, 생물학, 수학, 철학까지 다양한 분야를 넘나들기 때문이기도 하지만, 전문 용어와 일상 용어가 잘 구별되지 않는 탓이기도 하다. 일상적인 의미가 아닌 특별한 의미를 지닌 단어들을 잘 구별해, 그 뜻을 새기는 것이 중요하다. 상태, 일,

제약, 자유도, 선택, 가능성 등이 그러한 단어들이다. 이 책에서 '상태'는, 기체 상태, 고체 상태, 특정한 화학적 상태 등의 일상적 의미를 띠기도 하지만, '가능한 상태'를 말할 때는 좀 더 특별한 의미를 지닌다. 이 책에서 사용되는 '선택'은 거의 모두 자연선택의 의미이다.

앞서 말했듯이 다양한 분야를 넘나들며 논의가 정교하게 진행되므로, 세부사항들이 잘 이해되지 않더라도 먼저 큰 줄기를 따라가 보기를 권한다. 스튜어트 카우프만의 안내에 따라, 생명의 세계가 어떻게 물리학의 법칙들을 우회하고 극복하는지, 광대한 시공간 속에서 생명은 어떻게 창발하고 진화하는지 함께 탐구해 보자.

2021년 11월

김희봉

세계는 부글거리며 나아간다

뉴턴Isaac Newton이 인류에게 준 선물인 고전 물리학은 수동적인 목소리로 서술된 세계이다. 바위가 떨어지고, 행성들이 궤도를 돌며, 별들은 자신의 질량에 의해 뒤틀린 공간 속을 떠돈다. 이 세계에서는 행위doing는 없고, 사건happening만 있을 뿐이다. 수없이 많은 일이 일어나고 기적 같은 일도 벌어지지만, 모두 맹목적일 뿐이다.

나는 책상 앞에 앉아 글을 쓰다가, 천도복숭아를 먹기 위해 주방으로 갔다. 어제 나는 (내 소유의) 7미터짜리 보트 포이즈드 렐름Poised Realm호를 타고 오르카스섬의 크레인 부두를 건너 워싱턴주 이스트사운드에 가서, 오후의 간식거리로 방금 꺼낸 천도복숭아를 사 왔다.

내 심장은 규칙적으로 두근댄다. 이것은 인간의 심장이고, 이 책을 읽는 여러분 또한 심장을 가지고 있다. 심장, 천도복숭아, 주방, 보트, 이스트사운드는 137억 년 전에 일어난 맹목적인 빅뱅 이후에 어떻게 생겨난 것일까?

뉴턴 이후로, 실재가 무엇인지에 대해 생각할 때 우리는 물리학에 의존해 왔다. 그러나 물리학은 우리가 어디에서 왔는지, 어떻게 여기까지 왔는지, 인간의 심장은 왜 존재하는지, 어떻게 내가 이스트사운드에서 천도복숭아를 살 수 있었는지 설명할 수 없으며, 심지어 뭔가를 '산다'는 것이 무엇인지조차 설명할 수 없다. 나는 여러분과 이러한 것들에 관해 이야기하고자 한다. 그러므로 우리는 알려진 것보다 더 많이 알아야 하며, 말할 수 있는 것보다 더 많은 것을 말해야 한다.

우리는 물리학 너머의 세계에 있다.

우리는 자기 자신을 스스로 만들어가는 생명체들의 세계에 살고 있다. 그러나 이것에 관해 이야기하기에는 우리에게 개념이 부족하다. 나무는 씨앗으로부터 성장하고, 태양을 향해 뻗어간다. 우리는 이 과정을 지켜봤지만, 이것에 대해 어떻게 말해야 할지 여전히 알지 못한다. 숲은 열망하듯이 고요히 자신을 만들고, 뿌리를 내리며, 가지를 뻗는다. 우리의 생물권도 다양성을 향해, 그것이 될 수 있는 모습으로 37억 년간 성장해 왔다. 오늘날 기린이란 동물이 나타날지 30억 년 전에 누가 알았겠는가? 아무도 알 수 없었다. 천도복숭아도 마찬가지다. 오늘날 천도복숭아가 존재할지 그 옛날 누가 알았겠는가?

우주에서 10^{22}개의 별 중에 50~90%가 행성을 가지고 있다고 한다. 나는 우주에 생명이 아주 흔하다고 믿으며, 앞으로 이에 관해 이야기하고자 한다. 내 생각처럼 우주에 생명이 흔히 존재한다면, 우주는 물리학을 기초로 할 수는 있어도 성장은 그 너머의 세계에서 이루어질 것이다.

10^{22}개의 생물권이라니, 정말 놀랍지 않은가? 우리는 몇십억 개에 달하는 은하들의 허블우주망원경 영상에 전율한다. 그런데, 우주에는 우리가 사는 곳처럼 생동감이 넘치는 생물권이 10^{22}개가 있을까? 우리가 알고 있는 물리학의 광대함에 따르면 '물리학 너머의 세계'가 아니라 '물리학 너머의 세계들'이며, 이건 어림짐작할 수 없는 광대함이다.

우리가 다뤄온 과학에는 자신을 만드는 계system에 대한 개념이 없다. 나는 여기에 적절한 이론으로 마엘 몬테빌Maël

Montévil과 마테오 모시오Mateo Mossio가 고안한 '제약 회로constraint closure'를 소개하려 한다. 이 젊은 과학자들은 생물학적 조직화에서 빠져 있는 개념 하나를 고안했는데, 이것이 바로 결정적인 지식일 수 있다. 우리는 이 개념을 명료하게 이해하고 이것을 바탕으로 논의를 쌓아갈 것이다. 이 개념은 조금 복잡하지만, 그렇게 어렵지 않다. 다만 지금으로서는 제약 회로를 이렇게 생각하자. 이것은 비평형 과정에서 에너지의 방출에 대한 제약의 집합인 동시에, 계 자체가 스스로 만드는 제약이다. 이것은 놀라운 개념으로 세포가 여기에 해당한다(자동차는 아니다).

생명 시스템은 이러한 제약 회로를 달성하며 '열역학적 일 순환'을 수행해, 이것으로 자기를 재생산한다. 또한 생명 시스템은 다윈의 유전성 변이를 보여, 자연선택을 할 수 있으며, 고로 진화한다. 나는 이런 것들을 전에 쓴 책에서 다루었지만, 뭔가가 빠져 있다는 느낌이 들어 내내 마음이 무거웠다. 그러나 이제, 제약 회로 덕분에 결정적인 퍼즐 조각이 제자리를 찾았다. 단 무엇이 진화할지는 미리 알 수 없고, 점점 더 복잡해지는 가운데 우리의 생물권은 창발한다. 기린, 천도복숭아, 해삼, 인간이 모두 이러한 창발의 자식들이다.

몇 년 전, 물리학자인 내 친구는 자신의 70번째 생일 파티에서, 생물학자들이 세계를 보는 방식에 대해 비웃었다. 피사의 사탑에서 생물학자들이 갈릴레오와 함께 있었다면, 그들은 빨간 돌, 노란 돌, 파란 돌, 녹색 돌 등을 떨어뜨렸을 것이라고 그는 말했다.

나의 물리학자 동료들은 웃음을 감추지 못했다. 물리학자들은 법칙을 찾기 위해 세상을 단순화하고, 생물학자들은 생명이 어떻게 복잡해졌는지 연구한다. 물론 빨간 돌은 기린이고, 노란 돌은 천도복숭아, 파란 돌은 해삼, 녹색 돌은 말하자면 우리 인간이다. 질문은 기린, 천도복숭아, 해삼, 인간 중에서 어느 것이 빨리 떨어지는가가 아니라, 그것들이 어디에서 왔는가 하는 것이다. 물리학은 이에 관해 설명해 주지 않으며, 그 누구도 알지 못한다. 이것은 물리학 너머의 세계이다.

다윈은 새로운 종이 자연의 번잡한 들판에 쐐기를 박아서 살아갈 공간을 만든다고 가르쳤다. 그렇기도 하고, 아니기도 하다. 생명체들은 존재함으로써 다른 생명체들이 존재할 수 있는 조건을 형성한다. 종들은 자연의 들판에 갈라진 틈을 만들어 다른 종이 존재할 수 있도록 생태적 지위를 구축하고, 더 많은 종이 생겨날 수 있는 다양한 틈을 만든다. 피어나는 생물권은 늘 새로운 가능성을 풍부하게 만들어간다.

그동안 거론된 적이 없지만, 폭발적으로 성장하는 경제도 마찬가지다. 새로운 상품이 더 많은 새로운 것들을 위한 생태적 지위를 만든다. 월드와이드웹의 발명이 온라인 판매를 위한 생태적 지위를 만들었고, 여기에서 이베이와 아마존이 나왔다. 이것은 다시 인터넷 콘텐츠를 만들었고, 여기에서 구글 같은 검색 엔진을 위한 생태적 지위가 생겨났다. 이러한 사업의 시도로, 더 많은 상품을 판매하기 위한 검색 알고리즘이 나온다. 아이폰 앱을 생각해 보자. 사파리에 뜨는 광고를 제거해 주는 앱 위의 앱도 있다.

우리는 그 어떤 통찰이나 사전 지식 없이도, 세계를 헤쳐나갈 수 있다. 나는 천도복숭아를 사기 위해 직접 이스트사운드로 갈 수 있다.

우리는 세계를 유도할 수 있는, 세계가 궁극적으로 어떻게 되어갈지 알아낼 수 있는 토대를 물리학(특수상대성이론, 일반상대성이론, 양자역학, 표준모형과 양자장론)에서 찾을 수 있다고 생각한다. 그러나 우리는 그렇게 할 수 없다. 우주의 최종적인 산물은 이 토대 위에 있겠지만, 토대에서 유도해 낼 수는 없다. 이 알 수 없는 전개는 토대라는 선착장에서 미끄러져 제멋대로 떠다닌다. 고대 그리스의 철학자 헤라클레이토스Heracleitos가 말했듯이, 세계는 부글거리며 나아간다World Bubbles Forth.

1장

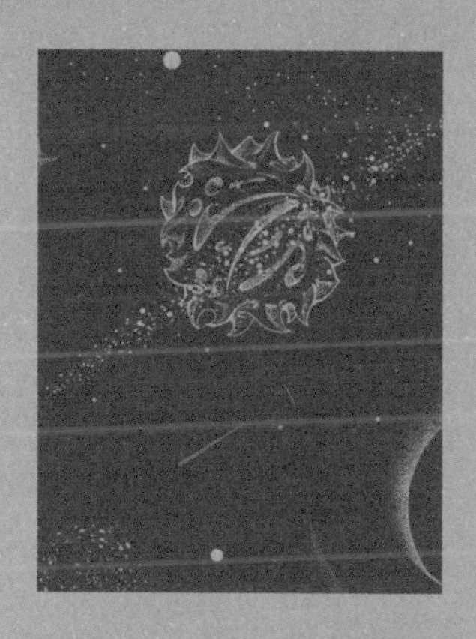

세계는
기계가 아니다

The World Is
Not a Machine

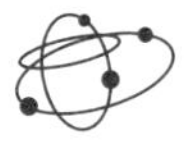

데카르트, 뉴턴, 라플라스의 업적과 고전 물리학의 탄생 이후, 실재가 무엇인지에 대한 질문의 답으로 우리는 물리학을 고려하게 되었다. 이 탐구에서, 우리는 세계를 거대한 기계로 생각하게 되었다. 이 뉴턴적 근본 체계는 특수상대성이론과 일반상대성이론으로 놀랍게 확장되었다. 양자역학과 양자장론이 고전 물리학의 결정론적인 면을 바꿔놓았지만, 실재를 거대한 '기계'로 보는 관점 자체는 바꾸지 않았다.

이 책에서 내가 말하고자 하는 바는, 진화하는 생물권이 '기계'라는 생각은 틀렸다는 것이다. 이것은 우리가 속해 있는 생물권이든 우주의 다른 생물권이든 매한가지다. 진화하는 생명은 기계가 아니다. 왜 그런지 이해하려면 모든 부분에서 약간의 인내가 필요하다. 여기에서 제안하는 세계관의 변화가 가져올 귀결은 예측할 수 없지만, 우리가 어떻게 전개될지 예상할 수 없는 창조성을 가진 살아있는 세계 속에 살고 있다는 것을 여러분이 깨달으면 좋겠다. 이러한 깨달음에 따라 살아있는 세계를 더 크게 의식하고, 더 깊이 음미하며, 세계에 대한 책임감이 더 깊어져, 심대한 기쁨을 경험하기를 바란다.

찰스 퍼시 스노C. P. Snow는 유명한 에세이 《두 문화*The Two Cultures*》에서 과학 세계와 예술 세계의 분리를 비난했다. 이러한 분리의 일부는 '무감한mute' 물질과 인간의 상상력 사이의 구별 때문이다. 둘 사이에는 낮은 수준의 의식을 가진 생명의 세계가 있다. 나는 법칙이 모든 것을 지배하는 물리학과 달리, 어떤 법칙도 생물권의 출현을 함의하지 않는다는 것을 여러분에게 보여 주고 싶다. 생물권이 어떻게 진화하고 자신의 미래를 만들어나갈지 아무도 예언할 수 없다. 우발적이지만 무작위는 아닌, 이러한 무법칙적인 창발은 생명 없는 물질과 셰익스피어 사이의 중간 지대를 가리킨다.

원자 수준 위의 비에르고드적 우주

우주는 안정된 원자의 모든 종류를 만들어냈는가? 그렇다. 보손boson과 페르미온fermion이 (입자물리학에서는 입자를 크게 이 두 가지로 나눈다) 인지할 수 있는 모든 조합으로 서로 묶여, 물질을 구성하는 원소를 100가지 이상 만들어낸다. 그렇다면 우주는 만들어질 수 있는 복잡한 물질들을 모두 만들어내는 것일까? 아니다. 절대 그렇지 않다. 대부분의 복잡한 것들은 아예 만들어지지 않을 것이다.

왜 그런지는 알기 쉽다. 단백질은 알라닌, 페닐알라닌, 리신, 트립토판 등과 같은 아미노산 20가지의 선형 배열이다. 이 아미노산들이 '주 사슬'을 따라 특정한 순서로 늘어서면 특정한 단백질이 된다. 이 단백질은 복잡한 방식으로 접혀서 세포에서 제기능을 수행한다.

인간을 구성하는 전형적인 단백질은 아미노산 300개 정도의 선형 배열이다. 단백질 중에는 아미노산이 수천 개인 것도 있다. 아미노산 200개로 이루어진 단백질에는 얼마나 많은 종류가 가능할까? 위치마다 20가지를 선택할 수 있으므로, 한 줄로 늘어선 아미노산이 200개이면 가능한 단백질의 수는 20^{200}이다. 이것은 초천문학적인 숫자이다.

반면 우주가 빅뱅 때부터 지금까지의 시간을 쓰고도, 만들 수 있는 모든 단백질 중에서 실제로 만들어낸 단백질의 수는 매우 적을 수밖에 없다. 왜 그런지 알아보자.

지금까지 알려진 최선의 결과에 따르면 우주의 나이는 137억 년, 즉 10^{17}초이다. 알려진 우주에는 입자가 10^{80}개쯤 있다. 양자역학에서는 우주에서 어떤 사건이 일어날 수 있는 가장 짧은 시간 규모가 10^{-43}초로 추정하며, 이것을 플랑크 시간이라고 부른다.

따라서 우주에서 입자 10^{80}개가 빅뱅 때부터 아무것도 하지 않고, 플랑크 시간이 한 번 지날 때마다 단백질을 하나씩 만든다면, 아미노산 200개 길이의 단백질을 모두 만드는 데 우주의 모든 역사인 137억 년의 10^{39}배의 시간이 필요하다. 그것도 **단 한 번** 만드는 데 그만큼 걸린다(반면 아미노산 20개를 모두 만드는 데에는 수십억 년이면 된다).

우주에서 어떤 일이 일어나건, 아미노산 200개로 이루어진 단백질을 모두 만들기 위해서는 우주 창조부터 지금까지 지나온 시간의 10^{39}배의 시간이 필요하다.

실제로 일어날 수 있는 일의 가짓수보다 가능한 일들의 가짓수가 어마어마하게 많은 상황에서, 역사가 만들어진다. 예를 들어, 생명의 진화 자체는 매우 역사적인 과정이다. 우주화학과 복잡한 분자의 형성도 마찬가지다. 따라서, 원자 수준 위에서의 우주 흐름도 역사적인 과정이다.

물리학에서는 이러한 역사성을 '비에르고드적'이라고 한다. '에르고드적'•이라는 것은, 대략적으로 계가 '합당한' 시간 안에 모든 상태를 거친다는 것이다. 전형적인 예는 평형 통계역학에서 온 것으로, 1ℓ 부피의 기체가 빠르게 평형에 도달하는 것을 들 수 있다. 통 속에서 돌아다니는 기체 입자들은 모든 구성을 거치다가 가장 안정된 상태로 간다고 할 수 있다. 반면에 '비에르고드적'이라는 것은 우주가 137억 년에 걸친 역사를 천문학적인 숫자만큼 반복해도 모든 단백질을 만들지 못하는 것처럼, 계가 모든 상태를 거치지 않는다

• ergodic. 통계역학에서 나오는 개념으로, 자세히 설명하면 이 책의 범위를 넘어가므로, 내용을 짐작할 수 있도록 간접적인 비유를 들고자 한다. 예를 들어, 모니터에 블록 깨기 게임이 실행되고 있는데, 블록이 모두 깨진 상황에서 더는 게임을 하지 않고 공만 계속 이리저리 돌아다니고 있다고 가정해 보자. 시간만 충분하다면 모든 위치에 공이 빠짐없이 방문할 수 있다고 하자. 이것을 에르고드적 성질이라고 한다. 그런데 벽의 배치가 다르거나 공이 돌아다닐 수 있는 공간이 모니터의 평면이 아닌 훨씬 복잡한 배치로 되어 있어서 시간이 아무리 많아도 방문할 수 없는 사각지대가 존재한다면, 이러한 상황을 비에르고드적이라고 한다.

는 것을 의미한다.

우주가 안정된 원자만 만들었는지 묻는다면, 답은 "그렇다"이다. 따라서 우주는 원자 수준에서 대략 에르고드적이다. 그러나 복잡한 분자에 대해서는 에르고드적이지 않다. 그리고 분자의 복잡성이 심해질수록, 빅뱅 이후로 그러한 복잡성을 가진 분자가 모두 만들어졌을 가능성은 더욱 줄어든다. 아미노산 길이 N = 1, 2, 3, 4 … N + 1인 단백질을 생각해 보자. N이 커지면서, 우주에서 가능한 분자가 모두 만들어질 가능성은 더욱 줄어든다. 우주는 복잡성으로 솟구쳐 올라 무한히 탐색할 수 있게 된다. 이런 의미에서, 저 위의 복잡성에는 무한한 '구멍'이 있다. 우리는 우주에서 무한히 광대한 영역을 탐구할 수 있다.

열역학 제2법칙을 넘어서

열역학 제2법칙은 무질서가 증가하는 경향이 있다고 말한다. 무질서를 재는 척도는 엔트로피이다. 표준적인 예는 앞에서 보았듯이, 1ℓ의 통 속에서 모든 구성을 거쳐 평형 상태로 가는 기체 입자들의 닫힌 열역학적 계이다. 이 계는 이른바 '가장 잦은 거시상태macrostate', 즉 엔트로피가 최대인 상태에 도달한다. 제2법칙은 계가 가능성이 낮은 상태에서 가능성이 높은 상태로 가면서 엔트로피가 커진다고 주장한다. 뜨거운 커피가 미지근해졌다가 차가워지는 것, 얼음이 녹아서 물이 되는 것이 이런 예이다.

그러나 모든 것이 불가피하게 엔트로피가 최대인 상태로 간다면, 어떻게 우주(특히 생물권)가 고도로 복잡해질 수 있는가? 우리는 아직 그 이유에 대해 알지 못한다. 우주 자체가 여전히 평형(우주론에서 '열 사멸'이라고 부르는 어두컴컴한 상태)으로 가고 있기 때문일 수도 있고, 생물권이 닫힌계가 아니기 때문일 수도 있다. 태양이 우리에게 빛을 쏘고, 복잡성을 만드는 에너지를 제공해 당분간이긴 하지만, 엔트로피의 증가를 늦춘다는 것이다.

더 큰 이유는 우주가 복잡성을 모두 소진할 수 없기 때문일 수 있다. 복잡성의 광대한 가능성을 향해 올라가는 무한한 탐구가 우주 화학의 면에서, 또 생물권의 급증하는 다양성의 면에서 일어난다. 그러므로, 우리는 이 무한한 복잡성의 '구멍'이 우주의 창발적인 복잡성과 어떻게 관련되는지

질문해야 한다. 특히, 생물권은 37억 년 전에 나타난 후로 엄청난 다양성을 띠며 고도로 복잡해졌다. 우주에 다른 생물권이 있다면 그 역시 사정은 마찬가지일 것이다. 살아있는 생물권의 무언가가 다양성과 복잡성을 향해 솟구쳐 오른다. 왜, 어떻게 그렇게 되는 것일까?

여러분에게 이 솟구침의 원인을 일부만이라도 보여 줄 수 있으면 좋겠다. 이것은 유명한 열역학 제2법칙이 비평형에 적용된 것으로, 생물권이 어떻게 40억 년 전보다 오늘날에 훨씬 더 복잡해졌는지 설명할 수 있는 원리이다. 우주 화학은 이 복잡성으로의 솟구침을 보여 준다. 빅뱅 이후, 안정된 원소들이 만들어졌다. 머치슨 운석Murchison meteorite은 50억 년 전에 형성된 것으로 대략 1만 4,000종의 유기 분자를 가지고 있으며, 이 분자들은 탄소, 수소, 질소, 산소, 인, 황 등의 원소로 이루어져 있다. 진화하는 생물권은 이러한 복잡성으로의 솟구침을 보여 주며, 37억 년 전의 원시세포가 오늘날 수백만 가지 종이 되었다. 우리는 바로 이러한 질서가 어디에서 왔는지 찾는다. 이 질서는 우발적으로 형성되었지만 완전히 무작위는 아니다. 생명은 다윈의 "가장 아름다운 형태들forms most beautiful"•의 광대한 다양성을 탐구하면서 더 높은 수준의 질서를 만들어간다.

생물권은 문자 그대로 자기 자신을 만들고, 그렇게 함으로써 다양성을 넓혀간다. 그럼 다시, 어떻게, 왜 그렇게 되는가? 놀랍게도, 그 해답은 '살아있는 세계는 더 다양하고 복잡해질 수 있으며 그 과정에서 **스스로 그렇게 될 가능성을 만들어낸다**는 것'에서 찾을 수 있다. 이렇게 되려면, 열역학 제2법칙으로 질서가 무너지는 속도보다 더 빠르게 질서를 만들기 위해 에너지 방출을 이용해야 한다. 앞으로 함께 살펴볼 것처럼, 몬테빌과 모시오의 제약 회로와 열역학적 일 순환의 아름다운 이론은 우리의 새로운 이야기를 잘 뒷받침해 줄 것이다.

인간의 심장은 왜 존재하는가?

인간의 심장 또한 끝없이 펼쳐지는 우주의 복잡성 중 하나이다. 빅뱅 이후 지금까지 우주는 존재할 수 있는 모든 단백

- 다윈의 《종의 기원》 마지막 문장에 나오는 말로, 상당히 긴 문장의 끝부분만 옮기면 다음과 같다. "단순한 출발에서 가장 아름답고 가장 놀라운 형태들이 진화해 왔고, 진화하고 있다."

질 중에서 극히 일부만을 만들 수 있었고, 단백질로 만들 수 있는 조직 중에서 아주 작은 일부만을 만들 수 있었다. 이것으로 우리가 심장이라고 부르는 장기가 만들어졌다. 그래서 질문은 다음과 같다. 원자 수준 위의 비에르고드적 우주에서 왜 인간의 심장이 존재하는가? 그 이유는 대략, 심장이 혈액을 펌프질하고 따라서 우리의 척추동물 조상들에게 선택의 이점을 주어 우리에게 유전되었다는 것이다.

요컨대, 다윈은 우리에게 일부만 대답해 주었다. 심장은 생존에 도움이 되었고, 따라서 선택되었다. 그런데 다윈은 이를 의식하지 못한 채로, 심장이 도대체 왜 존재하는지에 대한 더 깊은 설명을 제시했다. 번식과 유전에 따른 변이로 진화하는 생물에게, 어떤 기관이 혈액을 펌프질하는 기능적 능력을 조금이라도 보인다면, 이 다행스러운 우연은 필요한 산소를 모든 세포로 보내는 단순 확산보다 좀 더 낫기에 선택될 수 있다. 말하자면, **심장은 이 비에르고드적 우주에서 진화하는 생명체에게 갖춰짐으로써 생존을 돕는 기능적 역할을 하기에 존재한다**.

생명체는 복제하는 가운데 과정의 조직화, 즉 모든 것이 어울려 함께 움직이는 방식을 전달한다. 기관들은 이러한 조직화의 일부로써, **전체를 위해, 전체의 수단으로** 존재한다. 다시 말해, 생명이 존재하기 때문에 심장이 존재한다. 게다가 앞으로 살펴보겠지만, 생명은 진화하면서 원자 수준 위의 비에르고드적 우주에서 가능성을 더욱 넓힌다.

이것이 이 책의 주요 결론 중 하나이다. 원자 수준 위의 비에르고드적 우주에서 복잡한 것들이 생겨나는 이유가 설명되어야 하는데, 그 답은 단순하면서도 심오하다. 심장은 존재를 지속시키는 기능적 역할 때문에 존재하며, 생명체는 그러한 심장을 가지고 진화해 간다. 생명체는 원자 수준 위에서 번식하며, 따라서 생명체를 지탱해 주는 기관들과 함께 퍼진다. 심장이 원자 수준 위의 우주에서 존재하는 이유는 생명체가 존재하고 번성하기 위해서 기능하는 심장이 필요하기 때문이다. 칸트적 전체로서 생명체는 자기를 지탱해 주는 부분들과 함께한다. 심장을 가진 생명체가 존재하며, 따라서 심장이 존재한다.

눈은 왜 존재하는가? 코는 왜 존재하는가? 신장은 왜 존재하는가? 빨판이 달린 촉수는 왜 존재하는가? 성性은 왜 존재하는가? 부모의 양육은 왜 존재하는가? 기린의 긴 목은 왜 존재하는가? 답은 모두 같다. 이러한 기관과 성질을 가진, 진화하며 지속적으로 살아가는 생명체들의 생존을 돕는 기능적인 역할 때문이다. 이 또한 전체를 위해, 전체의 수단으로 존재한다.

우주의 이러한 모든 측면이 하나의 파란 점인 행성에 존재한다. 우주에서 추정되는 10^{22}개의 태양계에서 생명이 번성한다면, 얼마나 많은 것들이 (예측 불가하고, 어쩌면 생각할 수도 없는) 원자들 위로 무한한 복잡성에 이를까?

생명체란 무엇인가?

다윈보다 먼저, 이마누엘 칸트는 이것을 이해했다. "조직화된 존재는 부분이 전체를 위해 수단으로 존재한다는 성질을 가진다." 이것을 '칸트적 전체'라고 명명하자. 심장은 한 생명체를 위해 생명의 수단으로 존재하며, 전체의 기능적 부분이다. 인간은 칸트적 전체이다.

그림 1-1은 칸트적 전체의 단순한 예로, 나는 이것을 '집단적 자가촉매 집합'이라고 부른다. 이것은 폴리머로 구성되어 있고, 펩티드라고 부르는 작은 단백질과 비슷하다(이 계가

이 책의 중심 소재가 될 것이다). 이것은 단순한 '먹이 분자'로 시작하는데, 이 단일한 구성단위를 a와 b라고 부르고자 한다. 그리고 aa, ab, ba, bb의 네 가지 이량체가 있으며, 모두 외부에서 공급된다. 그다음에는 더 긴 폴리머, 즉 abba와 bab 같은 것은 이 먹이들로부터 두 폴리머의 끝을 이어 붙여서 더

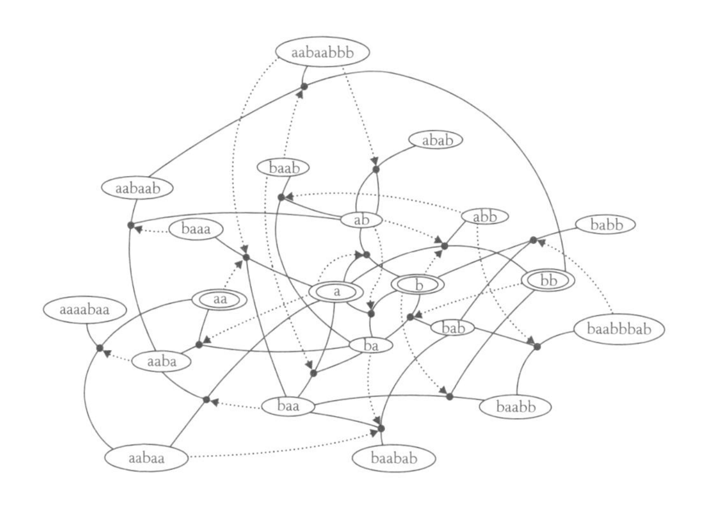

그림 1-1 문자열은 분자이고, 점은 반응이다. 실선은 기질분자가 반응해 생성물 분자가 되는 것이다. 분자에서 반응으로 가는 점선은 어떤 분자가 어떤 반응을 촉매하는지 보여 준다. 두 겹의 동그라미는 외부에서 유입된 먹이들이다. 펩티드 또는 RNA의 기능은 반응을 촉매해 그다음 펩티드 또는 RNA를 만드는 것으로, 배양 접시 속의 물을 휘젓는 것이 아니다.

긴 폴리머를 형성하거나, 긴 폴리머를 잘라서 두 조각으로 만든다. 여기에 중요한 아이디어가 있다. 더 긴 생성물을 만드는 반응은 계를 이루는 바로 그 폴리머에 의해 촉진된다는 것이다. 이 계는 자가촉매적이다(단순한 예는 폴리머 ab와 ba로 구성되어 있고, 각각이 a와 b를 연결하는 반응으로 만들어진다. 여기에서 ab가 ba를 형성하는 반응을 촉매하고, ba는 ab의 형성을 촉매한다).

그림 1-1과 같은 집합에서, 어떤 폴리머도 그 자신의 형성을 촉매하지 않는다. 그보다는, 폴리머들이 전체로서 연합적으로 형성을 촉매한다. 어떤 반응에 대한 촉매작용을 촉매 과제로 생각한다면, 모든 과제가 연합적으로 일종의 촉매 과제 회로를 실현한다. 이러한 계가 '전체'이며, 부분보다 훨씬 크다. 상호 촉매의 회로는 어느 한 부분만으로는 나타나지 않으며, 회로의 닫힘은 집단적 성질이다.

이 계는 말 그대로 자신을 만들고, 재생산한다! 이것은 칸트적 전체이며, 부분은 전체를 위해 그리고 전체의 수단으로 존재한다. 이것은 생명의 기원뿐 아니라 그 성격에 대한 중심 모형이 될 것이다.

집단적 자가촉매 집합은 다양한 화학적 수프에서 저절로 나타난다. 이러한 계는 펩티드, RNA, DNA로 이루어진다(나는 이것이 생명의 기원에 핵심적일 수 있다고 믿는다).

칠레의 두 과학자 움베르토 마투라나Humberto Maturana와 프란시스코 바렐라Francisco Varela가 '자가생성autopoiesis'이라는 아이디어를 소개했는데, 이것은 자신을 만드는 계이다. 집단적 자가촉매 집합은 자가생성의 한 예이다.

모든 생명 시스템은 자가생성의 성질을 띠며, 집단적으로 자가촉매적인 계이다. 유전성 변이가 가능하다면, 이러한 계는 자연선택을 할 것이며 진화하는 생물권을 이룰 것이다.

인간은 혼자 살지 않는다. 우리는 살아있는 세계를 함께 만든다. 어떤 개체도 혼자 있지 않으며 우리는 전체로서 진화하고 창발하며 펼쳐진 생물권에 참여한다. 우리는 서로에게 존재의 조건이다. 따라서 우리는 원자 수준 위의 비에르고드적 우주에서 오랫동안 존재할 수 있었다. 우리의 생물권은 37억 년에 걸쳐 안정적으로 번식해 왔다.

이 주제는 우리로 하여금 물리학 기반의 세계관을 넘어서게 한다. 뛰어난 물리학자 스티븐 와인버그Stephen Weinberg는 물리학자들의 생각을 다음과 같이 표현했다. "첫째, 설명의 화살표는 언제나 사회, 인간, 기관, 세포, 생화학, 화학, 최종적으로 물리학으로 향한다. 둘째, 우리가 우주에 대해 알면

알수록, 우주는 점점 더 무의미해 보인다."

그렇다. 하지만 우리는 이 주장에 대해 큰 소리로 아니라고 말할 수 있다. 우리는 이 책을 통해 원자 수준 위의 비에르고드적 생물권에서 존재하게 된 것(심장, 시각, 후각)은 이 계와 하위계가 그것들의 부분인 유기체들의 지속적인 진화를 돕는 기능적 역할 때문이라는 것을 알게 될 것이다.

청각은 초기의 어류에서 진동에 민감한 턱의 진화로부터 발달했고, 중이의 모루뼈, 망치뼈, 등자뼈가 되었다. 30억 년 전에는 누구도 청각이 진화할지 알 수 없었다. 우리는 이러한 진화적 창발을 예측할 수 없다. 그러나 중이의 뼈들은 청각을 가진 유기체의 생존과 진화에서 창발된 기능적 역할 덕분에 원자 수준 위의 비에르고드적 우주에서 존재한다. 설명의 방향은 청각에서 물리학으로 향하는 게 아니라, 소리를 듣는 기관의 선택을 향한다. 이러한 선택이 전체 유기체 수준에서 작용해 청각으로 진화했다. 이것이 해당 기관이 우주에 존재하는 이유이며, 와인버그의 생각은 틀렸다. 나는 청각의 창발을 예측하는 것이 불가능하다는 것을 다시 다루고자 한다. 생물권의 진화를 '필연적으로 함의하는' 법칙 따위는 없으며, 와인버그의 최종 이론의 꿈은 틀렸다는 것이다.

기계로서의 세계

데카르트 이전까지 서구는 우주란 '인간을 포함하는 유기적 전체'라고 보았다. 이것은 교회의 관점이었다. 데카르트는 사유하는 존재res cogitans를 인간의 **정신**mind을 위한 것으로 두었다. 정신을 제외한 세계의 나머지, 인간의 몸과 동식물은 모두 연장을 지닌 사물res extensa, 자리를 차지하는 것, 기계에 속했다. 뉴턴의 《프린키피아*Principia*》가 나오자, 아리스토텔레스의 4원인설(형상인, 목적인, 동력인, 질료인)은 수학화된 동력인의 한 변형으로 축소되었고, 그것은 뉴턴의 세 가지 운동법칙과 만유인력으로 포착된 미분방정식과 적분방정식이었다. 우주에 있는 모든 입자의 위치와 운동량을 알고 있는 라플라스의 악마•는 우주의 모든 과거와 미래를 완벽히 계산할 수 있다.

세계는 고전 물리학 안에서 정직한 궤도를 운행하는 거대

• 프랑스의 수학자 피에르 시몽 라플라스가 1814년에 고안한 가설에 등장하는 상상의 존재. "우주에 있는 모든 원자의 정확한 위치와 운동량을 알고 있는 존재가 있다면, 이것은 뉴턴의 운동법칙을 이용해, 과거와 현재의 모든 현상을 설명해 주고, 미래까지 예언할 수 있을 것이다"라는 가설 속의 존재를 일컫는다.

한 기계가 되었다. 현대의 환원주의가 탄생한 것이다. 일신교의 신은 자연신으로 후퇴했고, 자연신은 우주를 만들고 초기조건을 정한 후에, 뉴턴 법칙에 우주를 맡겼다. 신은 더 이상 우주에 개입해 기적을 행할 수 없다. 과학과 종교는 심각한 갈등을 빚었고, 낭만주의의 반동이 뒤따랐다. 이것은 키츠가 비난했듯이 "자와 직선rule and line의 과학"•이었다.

와인버그는 이러한 전통에 서 있다. 과학이 보는 세계는 기계일 뿐이며, 이 세계에는 의미가 들어설 자리가 없다. 이는 셰익스피어의 달변에 대한 모독이다. 이 얼마나 뻔뻔한가! 이 주제는 의식과 행위 주체성이라는 엄청난 문제와 연결되며, 기계론에서는 둘 다 공허하다. 정말로 뻔뻔스러운 일이다.

물리학이 가리키는 세계에는 행위 주체성이라는 결정적인 개념이 빠져 있다(이 개념에 대해서는 나중에 다시 살펴보자). 행위 주체성이 있으면, 와인버그가 무슨 말을 하건 우주에는 의미가 있다. 우리는 서로를 상대로 복잡하고 정교한 게임을 하는 행위자들이다. 반면 바위는 게임을 하지 않는다. 그렇다

• 영국 시인 존 키츠의 〈라미아〉에 나오는 구절로, "법칙과 선"이라고 번역되기도 했다.

면, 행위자가 존재하려면 계는 어떠해야 하는가? 서로 복잡하게 얽힌 생명의 게임이 진화하려면 계는 어떠해야 하는가? 이 복잡성은 우주의 복잡성의 일부이다.

그러나 우선, 의식이라는 무거운 주제는 남겨두자. 생물권에 의식이 존재하지 않는다고 하더라도, 진화는 결코 기계가 되지 않을 것이다. 진화는 원자 수준 위의 비에르고드적 우주에서 생명 친화적인 세계가 사람들이 하는 말을 넘어서, 라플라스의 방정식과 계산을 넘어서, 키츠의 자와 직선을 넘어서 솟구치는 생명의 가능성으로 폭발한다. 진화하는 생물권은 바로 그 기회들 속으로 흡수되어 예측할 수 없는 범위의 복잡성, 그동안에는 결코 볼 수 없었던 물질과 에너지의 조직화에 관해 탐구한다. 이렇게 생명은 진화한다. 생물권의 진화는 유기적인 '전체'이다. 구성원들이 연합해 생물권이 전체로서 나아갈 경로를 만들며, 이 경로는 똑같이 복잡하고 굴곡지게 창발된 과거에서 비롯된다. 바로, 이 살아있는 전체로서의 세계가 데카르트 이후로 우리가 잃어버린 우주이다.

2장

기능의 기능

The Function of Function

신비하고도 놀라운 우리의 존재에 대한 가장 심오하지만 골치 아픈 질문은 다음과 같을 것이다. 우주에서 어떻게 물질matter로부터 중요성mattering이 발현되는가?* 무의미하고 무감한 와인버그의 우주에서 중요성은 어떻게 기인하는가? 바위는 물질이지만, 바위에서 중요한 것은 아무것도 없다. 그러나 박테리아에 의식이 있는지

* 잘 알다시피 matter는 물질이라는 뜻이지만, "What's the matter?"처럼 '문제'라는 뜻도 있다. 이 책의 맥락에서 'mattering'은 '(~에게) 중요하다'라는 뜻이다. 저자는 matter에서 mattering이 나타나는 순간이 우주에서 생명이 출현하는 시작이라고 본다. 우리말로 옮기면 '물질에서 중요성이 출현한다'가 되어서 저자의 함축적 뜻이 잘 살지 않아 원문을 함께 적는다.

따져보지 않고도, 글루코스는 글루코스를 먹는 박테리아에게 중요하다. 물질로만 이루어진 계에서 중요성이 나타나려면 어떻게 되어야 하는가?

우리의 탐구 속에 묻혀 있는 질문은 물리학 너머에 있다. 질문 자체가 정당하다면 말이다. 예를 들어, 우리는 이렇게 말한다. "심장의 기능은 혈액을 펌프질하는 것이다." 그렇다면, '기능'이란 무엇인가? 무엇보다도, 피를 펌프질하는 것은 '감각이 없는' 심장의 인과적 결과이다. 그러나 심장은 소리를 내기도 하고, 심낭의 액체를 출렁거리게도 한다. 이런 것 역시 인과적 결과이다. 그러나 기능은 아니다. 요컨대, 기능이란 유기체 일부의 인과적 결과의 부분집합이다. 그러나 어떤 것이 기능이고, 어떤 것이 기능이 아닌지 어떻게 알 수 있는가?

이 주제는 생물학을 물리학으로 환원시키는 문제의 핵심이다. 생물학적 의미의 '기능'은 물리학에 존재하지 않는다. 고무공을 생각해 보자. 고무공은 둥글고 탄성이 있는 데다, 자체의 축으로 회전할 수 있으며 튈 수 있다. 그러나 물리학의 관점에서 공의 기능은 튀는 것이라고 말할 수 없다. 물리학에서는 강의 기능을 흐르는 것이라고 말할 수도 없다. 그러므로 기능이 생물학의 정당한 부분이라면, 생물학을 물리학으로 환원할 수 없다.

답은 다음과 같다. 인간의 심장은 앞에서 보았듯이, 칸트적 전체인 사람의 일부이다. 심장의 모든 인과적 결과 중에서, 전체를 지탱하는 것은 혈액을 펌프질하는 것이지, 두근대는 소리를 내거나, 붉은색을 띠거나, 심낭 속의 액체를 출렁이게 하는 것 등이 아니다. 따라서 혈액을 펌프질하는 것이 **기능(인과적 결과의 부분집합)**이다. 그러므로 심장과 유기체는 둘 다 원자 수준 위의 비에르고드적 우주에서 존재하고 지속한다. 더 일반적으로, 기능이 되기 위해서는 칸트적 전체(인간, 초파리, 또는 모든 생물)의 생존에 도움이 되어야 한다.

다시 자기 지속적이고 자기 생성적이며 자가촉매적인 펩티드 집합을 생각해 보자. 펩티드의 기능은 다른 펩티드를 촉매하는 것이지, 배양 접시의 액체를 출렁이게 하는 것이 아니다. 다시, 펩티드는 칸트적 전체인 자가촉매 집합의 일부이며, 그 기능은 인과적 결과 중에서 전체가 유지될 수 있도록 돕는 부분집합이다.

그렇다면 다음과 같은 커다란 결론이 나온다. 첫째, 우리는 생물학에서 '기능'이라는 개념을 정당화할 수 있다. 그 이유는, 예를 들어 심장은 살아있는 유기체, 즉 원자 수준 위에서 자체를 전파하는 칸트적 전체로, 그 역할 덕분에 원자 수준 위의 비에르고드적 우주에 존재하기 때문이다. 따라서 기능은 정당한 과학적 개념이다. 둘째, 부분의 기능은 인과적 결과들의 전형적인 부분집합이며, 피를 펌프질하는 것은 기능이고, 심낭의 액체를 출렁이게 하는 것은 기능이 아니기 때문이다.

이것은 물리학과 전혀 다르다. 개울이 바위 위를 흘러 바다로 굽이쳐 갈 때, 물리학은 어떤 일이 일어나는지 기술할 수 있지만 일어나는 일 중에서 어떤 것이 기능인지 짚어낼 수 없다. 그러나 칸트적 전체인 자가촉매 집합 속에서 펩티드의 기능은 전체의 촉매적·기능적 회로를 유지하는 역할에 있다. 물리학에서는 심장의 펌프질, 박동 등이 다를 바 없다. 어느 하나가 '특별히 중요'하지 않다.

원자 수준 위의 비에르고드적 우주와 진화하는 생물권에서 '존재하게 된 것'은 늘 새롭고 예측할 수 없는 '기능'들로 존재한다는 것을 이 책을 통해 알리고자 한다.

이것이 우리가 물리학 너머에 있는 두 번째 이유이다. 물리학은 원리적으로, 미리 알 수 없는 새로운 기능들, 예를 들어 청각과 중이의 뼈처럼 존재하게 된 것들을 예측할 수 없다. 지난 37억 년에 걸쳐 복잡성을 향해 솟구쳐 오른 생물권의 다양성은 분명히 물리학을 바탕으로 하지만, 물리학 너머의 영역으로 피어오른다.

3장

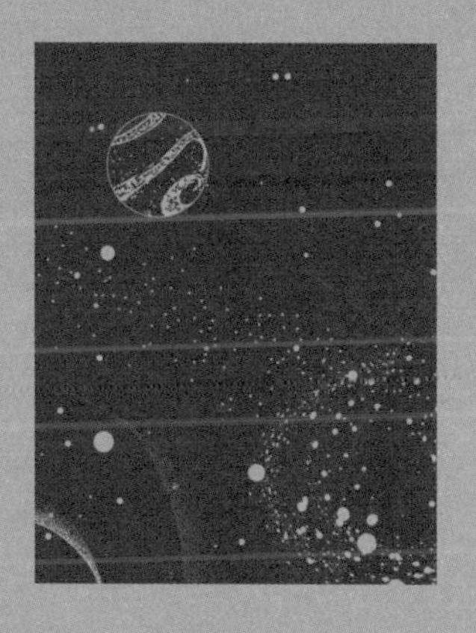

전파되는 조직화

Propagating Organization

빅뱅 이후, 어떻게 무생물에서 생명이 출현할 수 있었을까? 퓨젓사운드의 크레인 아일랜드에 있는 집에서 창밖을 바라보면 사슴, 독수리, 왜가리, 전나무, 딸기나무가 보인다. 모두 번성하고 있다. 이 모든 것이 37억 년 전에 시작해 지구상에 나타났다. 나를 포함한 대부분의 과학자는 지구에서 생명체가 생겨났으며, 다른 세계로부터 씨앗이 날아오지 않았다고 생각한다. 범종설이라고 부르는 이 개념이 옳을 수도 있지만, 그렇더라도 생명체가 드넓은 우주의 어디에서 왔는지 설명하지는 못한다. (생명의 기원에 관한 이론에 대해서는 다음에 논할 것이다.) 집단적 자가촉매 집합의 자발적 창발을 바탕으로 한 몇몇 이론은 3장에서 소개하는 주제와 직접적으로 연결된다.

생명은 불모의 우주 한가운데에서 능수능란하게 대처했고, 다양성은 폭발했다. 생물권은 진화하면서 다양한 생명을 창발하여 창밖의 풍경을 장식했다. 우리의 세계에서 이러한 다양성이 어떻게 생겨났으며, 생명은 37억 년 동안 다양성을 증가시키면서도 어떻게 안정되게 번식할 수 있었을까? 그렇다. 다윈의 유전성 변이와 자연선택이 있다. 하지만 유전성 변이를 일으키고 자연선택을 수행할 수 있는 그 무엇은 어디에서 왔는가? 나아가 더 적합한 것은 어디에서 왔는가? (다윈은 이 질문에 답한 적이 없다.) 그보다 먼저, 생명은 어디에서 왔는가? 그리고 생겨난 뒤에, 생명은 자신이 익힌 과정의 조직화를 어떻게 전파하였는가?

나는《탐사*Investigations*》에서 가져온 이 주제들에 관해 앞으로 이야기하고자 한다. 생명은 물질과 에너지를 새로운 방식으로 결합해 자신을 재생산하고 구축한다. 나무의 씨앗은 그 자신으로부터 나무를 만들어낸다. 어떻게 그렇게 하는가? 이 나무의 후손은 지난 수억 년 동안 새로운 종류의 나무로 진화했다. 어떻게 그렇게 되었을까? 그렇다. 우리는 DNA,

RNA, 단백질, 이중나선, 유전 암호, 중심 원리 이 모든 것을 알고 있다. 그러나 이것들이 충분한 답은 아니다. 세포 전체를 만들려면 세포 전체가 필요하고, 하나의 생명체를 만들기 위해서도 마찬가지다. 이 생명체가 여러 세대에 걸쳐 번식하면서 다양한 생명체가 된다. 그렇다면 이렇게 전파되는 조직화란 무엇인가? 그리고 조직화하는 능력이란 무엇인가?

생명은 어떻게든 열역학 제2법칙과 부분적으로 협력하지만, 종종 이 법칙을 극복하기도 한다. 생명은 어떻게 이 법칙을 어기지 않으면서 우회하는 것일까?

해답의 일부는 모든 생명 시스템이 **열린** 열역학적 계이기 때문에 물질과 에너지를 얻는다는 것이다. 다시 말해, 생명은 평형에서 벗어나 있다. 평형이란, 일례로 통에 담긴 기체 분자들이 궁극적으로 안정되어 최대 엔트로피를 가지는 가장 가능성이 높은 상태를 말한다. 화학자 프리고진을 비롯해 많은 학자가 이러한 계는 (어떤 물질의 농도 기울기 같은 것에서) 질서를 "먹고eat" 자기만의 질서로 만들 수 있다는 것을 증명했다(Prigogine and Nicolis, 1977). 소용돌이나 버나드 셀 같은 생명이 아닌 계에서는 점성이 있는 액체를 서서히 가열하면 대류의 흐름에 패턴이 나타나는데, 이것은 평형에서 벗어난 계에서도 패턴이 나타날 수 있다는 것을 보여 준다. 프리고진은 이것을 '산일 구조'라고 불렀는데, 계에서 자유 에너지가 흩어지기 때문이다.

슈뢰딩거는 《생명이란 무엇인가What is Life》에서 생명이 환경에서 '음의 엔트로피', 즉 질서를 취해서 생명 시스템 내부의 질서로 변환한다고 말했다.

생명 시스템은 그들의 조직화를 전파한다. 그러나 무엇이 '질서의 전파'인가? 생물학적 조직화의 토대는 무엇인가? 앞에서 말했듯이, 두 명의 젊은 과학자 마엘 몬테빌과 마테오 모시오가 관련 개념을 찾은 듯하다. 그들은 이것을 '제약 회로'라고 부른다. 이 장에서 나는 그들의 정교한 개념을 설명하고자 한다.

일

먼저 일work의 개념에서 시작하자. 단순해 보이는 이 개념도 자세히 들여다보면 그렇지 않다. 일이란 무엇인가? 물리학자들에게 물어보면, 일은 거리에 따라 힘을 가하는 것이다. 예를 들어, 아이스하키에서 쓰는 공인 퍽puck을 가속시킨다고 하자. 질량의 전체 가속이 일한 양이 된다.

그러나 이미 여기에서 수수께끼가 시작된다. 누가, 또는 무엇이, 퍽이 가속되는 방향을 지정하는가? '일한 양'으로는 이것이 명시되지 않는다. 일이 행해지기 위해서는 특정한 무언가가 일어나야 한다. 퍽이 북동쪽으로 가속되어야 하고, 얼음판의 모든 방향으로 동시에 가속되어서는 안 된다.

이러한 특정성은 어디에서 오는가? 피터 윌리엄 앳킨스Peter William Atkins가 큰 발걸음을 내디뎠다. 앳킨스가 내린 일의 정의는 다음과 같다. "일은 몇몇 자유도로 제약된 에너지의 방출이다." 이 문장을 이해하기 위해서는 약간의 인내와 시간이 필요하다.

실린더와 피스톤으로 생각해 보자. 실린더 속에 '일하는 기체'가 들어 있고, 그 위를 피스톤이 누르고 있다고 해보자. 팽창하는 기체가 피스톤에 일을 해서, 피스톤이 실린더를 따라 이동한다. 이것이 몇몇 자유도로 제약된 에너지의 방출이다.

물리학에서 '자유도'를 대략적으로 설명하면 지금 할 수 있는 어떤 것을 뜻한다. 실린더가 없다면, 뜨거운 기체는 모든 방향으로 팽창할 것이다. 이때는 일이 수행되지 않는다. 실린더가 있으면, 기체는 실린더 속에서만 팽창할 수 있고, 고로 피스톤을 밀게 된다. 그러므로 일이 수행된다.

경계조건, 일 그리고 엔트로피

물리학자가 앞의 계를 연구한다면, 실린더에 고정된 경계조건을 주고, 피스톤에는 움직이는 경계조건을 줄 것이다. 전자는 실린더의 위치를 명시하고, 후자는 실린더에서 피스톤이 이동하는 위치를 명시한다. 그다음에 기체가 실린더를 따라 피스톤을 밀어내는 제약된 에너지의 방출 과정에서 계가 한 일을 계산할 것이다.

뉴턴 이후로 우리에게는 운동법칙이 있다는 것을 상기하자. 미분방정식 형태의 운동법칙이 있고, 초기조건과 경계조건도 있다. 예를 들어, 당구대 위에 당구공 일곱 개가 구르고 있다고 하자. 여기에서 초기조건은 공의 위치와 운동량이고, 경계조건은 당구대의 형태이다. 운동법칙을 적분해 수행된 일을 계산하려면 이 조건이 있어야 한다. 앳킨스가 우리에게 말하는 것은 에너지의 방출에 대한 제약 조건 역할을 하는 경계조건이 없으면, 일이 수행되지 않는다는 것이다.

그러나 여기에는 고려해야 할 것이 더 있다. 기체가 팽창하면서 일이 수행될 때, 엔트로피가 증가하지만 아주 특정한 방식으로 진행된다. 실린더가 없어서 기체가 모든 방향으로, 다시 말해 모든 자유도로, 모든 가능성의 공간으로 팽창한다면 엔트로피 증가는 더 커진다. 그러나 경계조건 때문에 에너지의 방출이 몇몇 자유도로 제한되며, 이러한 제한이 있을 때만 일이 수행된다.

그 결과, 엔트로피 증가는 제약이 없을 때보다 줄어든다. 즉, 제약이 있으면 엔트로피 증가와 함께 에너지의 방출이 일로 전환된다는 것이다. 그러므로 여기에 또 하나의 핵심 개념이 있다. 이러한 일의 전환은 생명이 열역학 제2법칙을 '깨는' 방법의 일부라는 것이다. 제약이 있더라도 엔트로피는 증가하는데, 다만 그 속도가 느리다. 제2법칙에도 불구하고 생명이 어떻게 복잡성으로 솟구쳐 질서를 전파하는지에 대해, 이러한 개념은 부분적인 답이 될 것이다.

제약 일 순환

물리학자가 실린더와 피스톤에 경계조건을 적용한 다음, 그대로 두는 것은 일종의 속임수다. 무엇보다 실린더는 어디에서 온 것일까? 실린더를 만들어서 에너지를 방출하게 하려면 일이 필요하다. 피스톤을 만들기 위해 일이 필요하다. 피스톤을 실린더 안에 넣고 기체를 주입하기 위해 일이 필요하다. 물리학자가 이것들이 어디에서 왔는지를 고려하지 않고, 단순히 경계조건을 적용하는 것은 이런 점들을 무시하는 것이다. 기관차는 에너지의 방출에 많은 제약이 있는 큰 기계이다. 기관차를 만들기 위해서는 일이 필요하다.

제약을 위해 반드시 일이 필요하지 않을 수도 있다. 뜨거운 용암이 관 형태로 굳어서 아직 굳지 않은 용암의 흐름을 제한할 수 있다. 그러나 살아있는 세포는 앞으로 살펴볼 것처럼, 진정으로 일을 수행해 제약을 만들고, 이렇게 만들어진 제약은 더 많은 일을 하는 에너지의 방출 통로가 된다. 제약이 없으면 일도 없다. 그리고 많은 경우에, 일이 없으면 제약 또한 없다. 이것을 제약 일 순환constraint work cycle이라고 부르자.

우리는 앞으로 살아있는 세포가 일을 수행해 비평형 과정에서 에너지의 방출에 제약을 구축하고, 이 제약이 다시 더 많은 일을 구성하는 것을 보게 될 것이다. 우리는 제약 회로 개념을 만들어갈 것이다.

그리고 더 많은 것이 있다! 일을 얻으려면 에너지의 방출을 제약해야 하고, 이렇게 수행된 일이 더 많은 제약을 만든다! 더더욱 많은 것이 있다. 이렇게 새로 만들어진 제약은 더 많은 에너지의 방출을 제한하고, 다시 더 많은 일을 얻어서 또 다른 일을 얻는 제약을 만들며 이 과정을 반복한다. 그러므로 질서가 저절로 전파될 수 있다!

그러나 기계는 이렇게 하지 못한다. 자동차는 여러 부품의 움직임을 제한하지만, 새로운 제약 회로를 만들지 못한다. 그러나 생명은 이것을 한다.

우리가 곧 보게 될 것처럼, 일을 수행하고 제약을 구축하는 과정은 돌고 돌아 스스로 순환할 수 있다. 따라서 비평형 과정의 집합에 가해지는 제약은 일 과제work task 회로를 이루며 이 회로는 그 자신의 제약들의 집합을 만들 수 있다. 이 제약들이 자기 자신의 제약, 즉 경계조건을 구축하는 과제를 수행하는 것이다. 말 그대로 계는 자기 자신을 만들 수 있다! 이것이 몬테빌과 모시오의 놀라운 제약 회로 개념이다(Montévil and Mossio, 2015).

앞으로 우리는 자가촉매 집합들이 집단적으로 이러한 제약 회로를 이루는 것을 살펴볼 것이다. 이제 더 자세히 알아보자.

비전달적인 일과 전달적인 일

그림 3-1을 보면, 대포와 포탄이 있다. 화약이 폭발하면서 에너지가 대포에 의해 제약되어 방출되고, 포탄에 일을 한다. 포탄은 공중으로 발사되고 땅에 떨어지면서 구덩이를 만들고, 뜨거운 먼지를 일으킨다. 이것은 비행하고 남은 에너지이다. 폭발은 에너지 방출적exergonic 이다. 즉, 자발적인 과정이다. 여기에서 에너지가 방출된다. 포탄의 운동은 에너지 흡수적endergonic 이며, 비자발적인 과정이다. 여기에서는 에너지가 흡수된다. 포탄의 발사는 에너지의 방출과 함께 일어나며, 구덩이가 생기려면 에너지가 들어가야 한다.

표 3-2는 몬테빌과 모시오의 연구에서 가져온 과정을 나

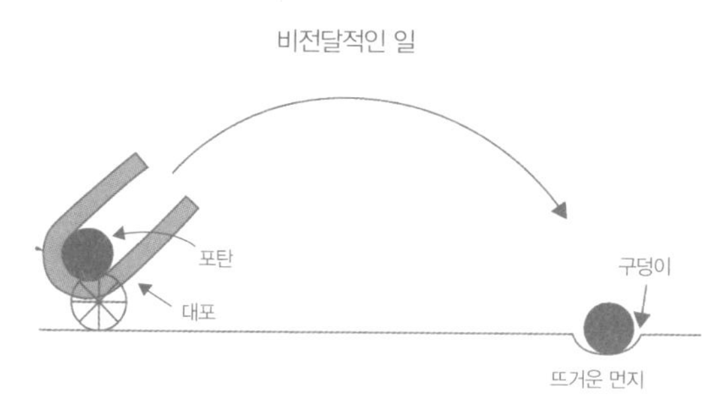

그림 3-1 대포가 포탄을 쏘면, 포탄이 땅에 떨어져 구덩이가 파이고, 뜨거운 먼지가 생긴다. 이것은 비전달적인 일이다.

타낸 도표이다. C_i는 에너지의 방출에 대한 제약이고, 여기에서는 대포이다. C_i에서 화살표가 아래의 비평형 과정 A--@--→B의 @를 향해 그려져 있다. 이것은 화약이 폭발해 포탄이 발사될 때의 비평형 에너지의 방출을, 기호 @는 대포 C_i 에너지의 방출에 대한 '제약'을 나타낸다. 이 제약이 비평형 과정에 작용해 일을 얻는다.

그러나 이번에는 포탄이 땅에 떨어져서 구덩이가 파이지 않고 좀 더 단순한 일이 일어난다고 해보자. 포탄이 커다란 강철판을 때리고 구르다가 멈췄다고 가정하자. 충돌로 강철판에 진동이 일어나고, 진동은 열로 변해 흩어질 것이다. 아무것도 만들어지지 않고, 땅에 구덩이도 남지 않는다. 포탄

대포는 화약 폭발의 에너지가 일정한 자유도로만 방출되도록 제한해, 포탄을 대포 밖으로 날려 보내는 일을 수행하게 한다.

C_i = 에너지의 방출에 대한 제약(대포)
↓
A -- @ --→ B = 포탄을 발사하는 제약된 비평형 과정으로, 포탄에 일을 수행하며, 포탄의 비행은 에너지 흡수적 과정이다.

그러나 대포와 포탄을 만들고, 화약을 대포에 넣어, 포탄을 장전하는 데 일이 필요하다! 제약이 없으면, 일이 없다. 일이 없으면, 제약이 없다.

표 3-2 에너지의 제약된 방출이 일을 만든다.

이 발사된 것 말고는 거시적인 변화가 없다. 이것을 비전달적인 일이라고 부르자. 이것은 과제를 완수하지만 다른 일을 하지 않는다.

그림 3-3은 내가 고안한 것이다. 똑같은 대포가 똑같은 포탄을 발사하는데, 이번에는 포탄이 우물 위에 장착된 수차에 떨어진다. 포탄에 의해 수차가 돌고, 밧줄이 감겨서 두레박에 담긴 물을 길어 올린다. 밧줄이 감기면서 두레박이 기울어지고 물이 깔때기 속으로 쏟아져 물관을 통해 콩밭으로 간다. 물이 흘러서 관 끝에 붙은 여닫이밸브가 열리고, 콩나무

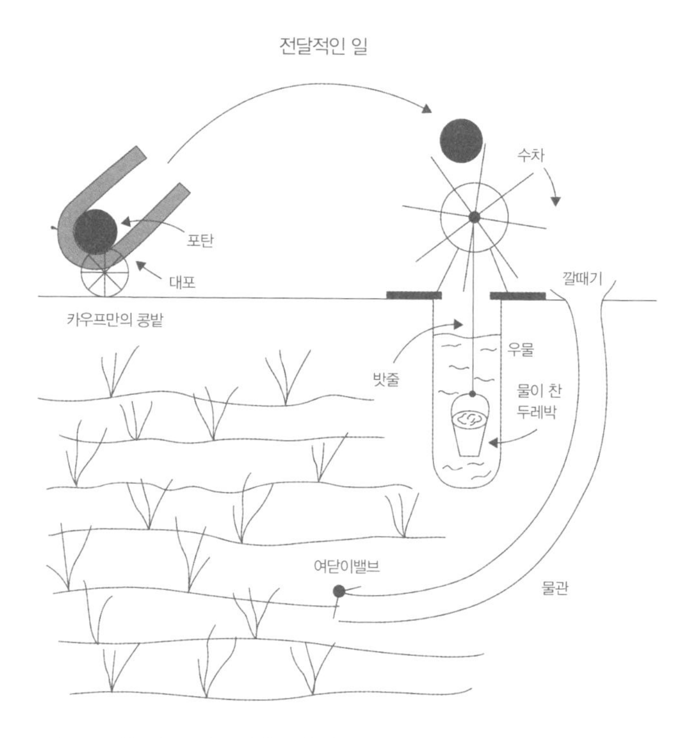

그림 3-3 대포를 쏘면 포탄이 수차에 떨어져 수차가 회전하고, 축에 묶인 밧줄이 감겨서 우물물이 담긴 두레박을 끌어 올린다. 두레박이 축 위에서 기울어져 물이 깔때기를 통해 관을 따라 콩밭으로 흐른다.

에 물을 주게 되는 것이다.

이 장치는 농업적 용도를 넘어서 일의 전달을 보여 준다. 포탄이 철판을 때리기만 하고 별다른 결과가 없었던 것과 달리, 이번에는 똑같은 포탄의 발사로 많은 거시적 변화가 일어난다.

이러한 변화 중에서 어떤 과정들은 에너지 방출적이지만(화약의 폭발, 쏟아진 물이 콩밭으로 가는 것), 대부분의 과정이 에너지 흡수적이다(포탄의 비행, 수차의 회전, 밧줄의 감김, 여닫이밸브의 열림).

대부분 제약된 에너지의 방출로 일이 수행된다. 대포로 제한된 포탄의 발사, 축에 의해 제한된 바퀴의 회전, 회전축으로 제한된 밧줄의 감김, 돌쩌귀에 의해 제한된 여닫이밸브의

C_i C_j (C_i=대포, C_j=수차)

A----@----→ B -----@----→ C

화약 폭발로 포탄이 수차에 대해 일을 한다(B=발사된 포탄, C=회전하는 수차).

C_k는 새로운 제약이다. 두레박에서 쏟아진 물이 흐르면서 언덕에서 콩밭까지 도랑이 생기고, 이 도랑을 물관 대신 사용할 수 있다.

표 3-4 일의 전달이 새로운 제약을 만들 수 있다.

열림, 이렇게 단계적으로 포탄에서 콩밭으로 일이 전달된다.

사실, 제약과 일은 더 많은 제약을 만드는 일을 할 수 있다! 비가 온다면, 그림 3-1에서 먼지가 피어올랐던 뜨거운 구덩이는 진흙탕이 될 것이다. 혹은 그림 3-3에서, 두레박에서 쏟아진 물이 언덕 아래로 흘러내리면서 우물에서 콩밭까지 작은 도랑을 만들 수 있다. 그 뒤로는 콩밭에 물을 주기 위해 물관 대신에 이 도랑을 사용할 수도 있다. 도랑은 새로운 경계조건인 것이다.

일반적으로, 우리에게 낯익은 기계들은 일을 전달한다. 자동차가 달릴 때 기체가 폭발하고, 피스톤이 실린더 안에서 움직이며 크랭크축이 돌고 바퀴가 돈다. 그러나 여기에서 수행된 일은 새로운 제약이나 경계조건을 만들지 않는다.

논의를 확장하기 전, 한 가지를 더 알아두자. 콩밭에 물을 공급한 다음, 포탄은 수풀 어딘가에 있고, 두레박은 우물 아래에 있다. 내가 포탄에 화약을 넣어서 콩밭에 다시 물을 줄 수 있을까? 아니다. 나는 포탄을 찾아야 하고, 대포를 재장전해 두레박을 다시 우물 아래에 둬야 한다. 이것을 잘 기억하자.

제약 회로, 그 이상

드디어 몬테빌과 모시오의 제약 회로까지 왔다. 표 3-5를 보자. 빛나는 아이디어가 이제 단순해졌다. 하나 또는 그 이상의 비평형 과정에서 연결된 제약들을 통해 전달된 일이 더 많은 제약을 만들어낼 수 있다. 따라서, 이 연결된 과정들이 돌고 돌아 제자리로 간다면, 계는 에너지의 방출이 일을 하도록 제한하는 바로 그 제약을 만들 수 있다. 이러한 계는 말 그대로 자기의 제약을 포함해 자기 자신을 만들 수 있다. 이것이 제약 회로이다.

표 3-5는 단순한 예이다. 여기에는 세 가지 비평형 과정이 있다. ① A---@---→C_k, ② D---@--→C_ℓ, ③ G---@ -→C_i. 그리고 여기에 세 가지 제약이 있다(C_i, C_k, C_ℓ). C_i는 첫 번째 과정을 제한하며, C_i에서 @로 향하는 화살표로 표현된다. C_k는 두 번째 과정을 제한한다. C_ℓ은 세 번째 과정을 제한한다. 주목할 것은 세 번째 과정이 바로 첫 번째 제약 C_i를 만든다는 것이다! 전달되는 일이 정확히 똑같은 제약을 만들고, 이것이 제한하는 에너지의 방출이 처음에 수행되는 일을 제한한다.

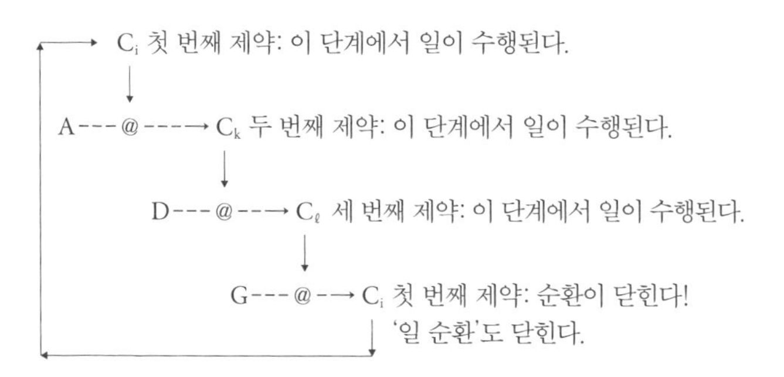

제약 회로 계는 비평형 과정을 에너지의 방출이 일을 수행하게 하는 바로 그 제약과 결합시킨다. 다시 말해, 비평형 과정들과 거기에 적용되는 경계조건들을 결합한다. 이것은 열역학적 일 순환을 수행해 자기의 일부를 만들고 조립해서 '전체'로 작동하는 비평형 자기 구축 계이다! 이것은 자신을 재생산할 수 있다. 이것은 일 순환을 수행해 자기 자신의 동작 부분을 만들고 조립하는 '기계'이다! 자동차는 이렇게 하지 못한다! 번식하는 세포는 이렇게 할 수 있다!

표 3-5 몬테빌과 모시오의 제약 회로.

이러한 계에서는 비평형 과정에 적용되는 제약들이 각각의 과정을 이용해 자기에게 적용되는 제약들을 만든다! 이렇게 해서 제약 회로가 이루어진다.

두 회로

이 계들은 실제로 두 종류의 회로를 보여 준다. 첫 번째는 몬테빌과 모시오가 지적한 것과 같은 제약 회로이다. 동일한 계가 일을 얻는 데 필요한 제약을 만들며, 그것이 바로 일을 하기 위한 필요조건이다.

나아가 이러한 계가 '일 과제' 회로를 달성한다. 표 3-5에서 수행해야 하는 세 가지 비평형 과정을 세 가지 **일 과제**라고 해보자. 이 세 가지 과제가 순환적으로 수행된다. 이것이 바로 일 과제 **회로**이다.

여기서 일 순환이 열역학적일 필요는 없다. 이렇게 되는 이유는, 세 가지 일 과제 모두가 에너지 방출적일 수 있기 때문이다. 그러나 에너지 방출성과 에너지 흡수성 모두를 연결하는 일 순환이 관련될 수 있으며, 이 경우에 열역학적 일 순환이 이루어질 수 있다.

또한, 각 단계가 열역학적 일이다. 따라서 과제 회로가 달성될 뿐만 아니라, 일 순환도 달성된다. 왕복 엔진 같은 기계들은 일 순환을 수행하지만, 모든 기계가 그렇지는 않다. 예를 들어, 지렛대와 받침대로 추를 들어 올리는 장치는 단순한 기계로, 여기에서는 일 순환이 달성되지 않는다.

자기재생산의 가능성

이제, 제약 회로와 일 과제 회로를 가진 계는 자기를 재생산할 수 있다는 것이 명백해졌다고 생각한다. 이 계는 비평형 과정과 제약을 연결해서 자기 자신에 대한 제약을 구축할 수 있다. 그리고 이 과정에서 계는 일 순환을 수행한다.

이 모든 것이 살아있는 세포에서 일어나며, 이 아이디어들은 나중에 분자 수준 재생산의 기원을 탐구할 때 구심점 역할을 할 것이다. 앞으로 설명할 RNA 또는 펩티드와 같은 폴리머의 집단적 자가촉매 집합이 이 경우이다. 이러한 계들은 세 가지 회로를 달성한다. 이것은 제약 회로, 일 과제 회로 그리고 앞으로 보게 될 촉매 과제 회로이다. 한 예로, 촉매 과제 회로에는, 자가촉매 집합을 이루는 모든 촉매의 생성에 필요한 촉매가 모두 들어 있다. 생명을 이루는 세 가지 회로는 말 그대로 자기 자신을 만든다. 우리는 이제 생명의 조직화 언저리에 다다랐다.

세 회로(제약, 일, 촉매)는 '전일적' 성질을 띠며, 어느 하나라도 빠진 채로는 유지될 수 없다. 세 가지 제약 C_k, C_ℓ, C_i는 과정 ①, ②, ③의 일 과제 순환을 통해 서로를 구축한다. 이 중 어느 하나라도 빠지면 순환은 불가능하다. 이러한 전일론은 신비주의와 무관하며 필수적이다.

물리학의 일반성과 생물학의 특정성

주세페 롱고와 몬테빌은 물리학의 일반성과 생물학의 특정성specificity에 관해 썼다(Longo and Montvil, 2014; Montevil and Mossio, 2015). 그들은 '질량'이란 일반적 개념이라고 말한다. 찻잔이든 돌멩이든 질량이 같으면 무엇이든 똑같이 낙하한다. 물리학적으로 구성된 대상은 일반적이라고 롱고는 지적한다. 질량, 위치, 운동량, 운동법칙의 대칭성이 모두 일반적인 개념이다. 그러나 생물학에서는 토끼와 해삼이 다르다. 피사의 사탑에서 갈릴레오의 손에서 낙하할 때는 똑같다고 해도, 토끼와 해삼은 같지 않다.

물리학에서는 경계조건이 필요하지만, 우리는 그것이 어

디에서 오는지 무시하는 경향이 있다. 생물학의 특정성 일부는 세포와 유기체가 몬테빌과 모시오의 제약으로 자기 자신의 특정한 경계조건을 합성하기 때문이다. 세포들의 경계조건은 우리가 연구해야 할 부분이다.

과정의 조직화 전파

창밖의 세계를 설명하고 싶다면 더 많은 것이 필요하다. 그중에서 제약과 일 과제 회로에 대해서는 이미 살펴보았다. 잠깐 소개한 촉매 회로에 대해서는 4장에서 더 살펴보도록 하자.

세계에는 속이 빈 지질 소낭 속의 리포솜처럼 '개체'를 감싸는 막이 있다. 이것은 유전성 변이와 선택이 일어날 수 있는 원생세포를 낳는다. 이 모든 것에 의해, 계는 조직화를 전파하고 다양한 생물권을 이룬다. 이러한 계는 세 가지 회로 덕분에 말 그대로 자신을 재생산할 수 있다. 이들이 진화하면서 만들어내는 생물권을 예측할 방법은 없으며, 이것을 지배하는 그 어떤 법칙도 없다. 따라서 생명은 완전히 자연적이며 신비주의와 무관한 생기론vitalism에 의해 펼쳐진다. 헤라클레이토스가 말했듯이, 생명의 세계는 진정으로 부글거리며 나아간다.

4장

생명의 비약

Demystifying Life

생명의 기원은 의식의 본질, 우주의 기원과 함께 심오한 미스터리 중 하나이지만, 파스퇴르Pasteur 이전까지는 문제라고 생각하지도 않았다. 당연히 생명은 저절로 생겨나는 거라고 본 것이다. 비가 많이 내린 후에는 썩은 나무에 구더기가 꼬인다. 이보다 더 명백할 수 있을까? 생명은 자유롭게 생겨난다.

파스퇴르는 창의적인 실험 하나로 큰 업적을 쌓았다. 비커에 수프를 담아 멸균한 다음, 공기 중에 두면 박테리아가 무척이나 많이 자란다. 그는 S자 형태로 목이 구부러진 플라스크를 만들어, 구부러진 부분에 물을 채워 공기 중의 박테리아가 플라스크에 들어 있는 멸균된 수프에 닿지 못하도록 했다. 그러자 수프는 멸균된 상태를 유지했다. 파스퇴르는 생명은 생명에서 온다고, 선언했다.

그렇다면 최초의 생명은 어디에서 왔는가? 이렇게 해서 생명의 기원에 관한 문제가 시작되었다. 거의 50년 동안 침묵이 이어진 뒤에 러시아의 생화학자 알렉산더 오파린Alexander Oparin 이 생명은 코아세르베이트coacervate 라는 걸쭉한 물질에서 시작되었을 것이라고 말했고, 영국의 유전학자 J.B.S. 홀데인J.B.S. Haldane 은 지구 초기의 바다가 작은 유기 분자들의 원시적인 수프였을 것이라고 추측했다(생명의 기원에 관한 이야기에는 원시 수프•가 담긴 깡통이 자주 등장한다).

그다음의 주요 과정은 1950년대에 스탠리 밀러Stanley Miller 로부터 시작되었다. 그는 작은 유기 분자들이 녹아 있는 물을 플라스크에 넣고 전기 스파크로 번개를 일으킨 다음, 기다렸다. 플라스크에는 새로운 분자들로 이루어진 막이 형성되었는데, 여기에는 여러 가지 아미노산이 풍부하게 함유되어 있었다. 밀러는 생명을 거치지 않는 새로운 아미노산의

• 최초의 생명이 출현했다고 생각되는 가설적인 유기물 덩어리.

합성을 보여 주었다. 이것은 생명이 생명으로부터만 나오는 것이 아니라 무생물에서도 시작할 수 있다는 것을 시사했다. 그 뒤로 몇십 년 동안 수많은 연구에서 당, 아미노산, 핵산(단백질, DNA, RNA의 기본 구성단위)이 생명과 무관하게 출현할 수 있다는 것이 알려졌다.

오래지 않아, 지구 형성 초기에 떨어진 운석들이 지구에 흩뿌렸을 수도 있다고 알려지기 시작했다. 예를 들어, 1969년 오스트레일리아 머치슨 근처에 떨어진 머치슨 운석에는 적어도 1만 4,000가지의 유기 분자들이 들어 있다. 따라서 유기 분자의 수프가 우주에서 왔을 가능성이 있다. 원시 수프가 얼마나 걸쭉했는지는 알려지지 않았지만, 대부분의 연구자들은 생명의 재료인 단순한 유기 분자와 복잡한 유기 분자의 두 가지 출처로, 지구에서 일어난 유기 물질의 생물학적 합성과 지구 형성기 운석의 낙하를 꼽았다.

다음 이슈는 아직 풀리지 않은 것으로, 분자 재생산의 기원이다. 이 분자들이 어디에서 왔는지 알 수 있다고 하더라도, 분자들은 어떻게 자기와 똑같은 것을 더 많이 만들어낼 수 있는가? 오늘날에 존재하는 세포들은 DNA, RNA, 단백질, 촉매 대사로 연결되는 수천 가지 분자들, 그뿐만 아니라

세포막과 세포기관에서 '이중 지질막'을 형성하는 지질부터 세포내 수분까지 수많은 보완물을 가진다. 세포는 전체로서 자기와 똑같은 것을 만들어내는 것이다. 어떻게 이런 일이 일어날 수 있었을까?

RNA 세계

생명의 기원에 관한 가장 명백한 가설은 1960년대 말에 제안된 것으로, DNA와 RNA 분자의 장대한 구조에 의존한다. 이 분자들은 유명한 이중나선을 형성한다. 제임스 왓슨과 프랜시스 크릭이 1953년의 논문에 썼던 표현에 따르면, "이 분자의 구조가 드러내는 복제 수단에 대한 암시는 우리의 호기심을 자극했다."

네 가지 염기(A, T, C, G)로 이루어지는 DNA는 잘 알려진 왓슨-크릭 염기짝짓기에 따라 A는 T와, C는 G와 짝을 이룬다. 예를 들어, 이중나선 한쪽 가닥의 뉴클레오티드 배열이 AACGGT라면, 맞은편 가닥의 배열은 여기에 대응되어 TTGCCA가 된다. 뉴클레오티드 배열의 한쪽 가닥에 따라 맞은

편 가닥의 뉴클레오티드 배열이 결정된다.

RNA도 두 겹의 나선을 형성한다. RNA에서는 T 대신 U가 들어간다. 화학자 레슬리 오르겔Leslie Orgel은 CCGGAAAA와 같은 단일한 RNA 가닥이 시험관 안에서 자유롭게 돌아다니는 뉴클레오티드들을 G,G,C,C,U,U,U,U의 순으로 줄 세우고, 효소 없이 GGCCUUUU 가닥으로 결합할 수 있는지 의문을 품었다.

이렇게 되면 CCGGAAAA 가닥이 대응되는 가닥 GGC-CUUUU와 결합될 것이고, 나중에 둘이 따로 떨어져 단일한 가닥이 되어 복제할 수 있게 된다. 두 개의 단일 가닥은 다시 G는 C와, A는 U와 짝을 지으면서 각각 이중나선을 만들고, 이것이 다시 분리되어 새로운 단계를 시작한다. 자기 복제 시스템이 되는 것이다.

이것은 어디까지나 이론이다. 실험은 간단하고 창의적이지만, 가설을 증명할 수 있어야 했다. 그러나 이것은 그렇게 되지 않았다. 단 여기에는 부분적으로 화학적 증거가 있다. DNA나 RNA의 두 핵산 간의 결합은 3′−5′ 결합이며, 이것은 열역학적으로 2′−5′ 결합보다 이루어지기 어렵다. 여기에서 숫자는 뉴클레오티드 주위에 있는 원자를 가리킨다. 2′−5′

결합은 나선 형성을 허용하지 않는다. CCCCCCCC는 GGGGGGGG를 만들 수 있지만, 후자의 단일 가닥은 접혀서 시험관 안에서 침전되고, 이중나선을 형성할 수 없다. DNA와 비슷한 PNA라는 분자에 관한 연구도 있었지만, 50년 동안 그 누구도 성공하지 못했다. 여전히 가능성은 있지만, 이 방향의 연구가 빠르게 진전하기는 어려울 것으로 보인다.

그러나 주요한 발견 덕분에 방향이 바뀌었다. 세포 안에서는 단백질 세포가 촉매로 작용해 생명에 결정적인 분자 반응을 빠르게 한다. 단백질만이 반응을 촉매할 수 있다고 생각했지만, 단백질을 만들기 위해서는 DNA 유전자와 RNA가 필요하다. 그러나 20년 전쯤에, 단일 가닥 RNA 분자(리보자임)가 반응을 촉매할 수 있다고 알려졌다.

생물학자들은 깜짝 놀랐다. 같은 종류의 분자인 RNA가 유전 정보도 운반하고, 반응을 촉매하기도 한다는 것이다. 어쩌면 기본적으로 단일한 종류의 폴리머인 RNA를 발판으로 모든 생명이 시작되었을 수 있다. 이것이 RNA 세계 가설이다.

이 가설의 핵심은 RNA 리보자임 분자가 자신을 복사할 수 있다는 것이다! RNA 분자는 뉴클레오티드 A, U, C, G의 배열이다. 리보자임이 뉴클레오티드에서 뉴클레오티드로 '주형 복제template replication' 방식을 통해 자기 자신을 복제하는 것이다. 그러나 어떻게 이러한 리보자임을 발견하겠다는 희망을 품을 수 있었을까?

분자생물학에서는 현재 거의 25년째 이 연구를 추진하고 있다. 방법은 대략 다음과 같다. 알려진 리보자임으로 시작해 이러한 분자와 비슷하지만, 완벽히 똑같지 않은 수백만 가지 변종으로 '수프'를 만든다. 이것들을 가지고 시험관에서 선택selection 과정을 거친 다음, 변이 실험을 한다.

예를 들어, 리간드ligand와 결합하거나 어떤 과녁 RNA 분자의 주형 복제를 촉매하는 분자를 선택할 수 있다. 이 분야는 대략 '조합 화학combinatorial chemistry'으로 알려져 있다. 이것을 이용해, 연구자들은 시험관에서 리보자임을 진화시키고 이렇게 해서 만들어진 것 중에 어떤 것이 자신을 주형 복제할 수 있는 효소, 즉 리보자임 폴리메라아제가 될 수 있는지 질문한다.

마침 이러한 분자가 발견되었는데, 이 분자는 자기 자신의 일부를 복사할 수 있다. 리보자임에서 시작해, 살짝 변이를 일으켜 다양한 분자 집단을 형성하고, 그런 다음에 실험실에서 자기복제 능력을 보이는 것들을 선택한다. 선택된 집단에서 다시 변이를 일으키고 계속해서 선택 과정을 진행한다. 이 연구는 초기 단계였지만 상당한 진전을 보였다.

이것은 놀라운 성공일 수 있다. 앞에서 잠시 언급했듯이 나는 RNA 세계가 분자 재생산의 해답이라고 보지 않지만, 이것은 놀라운 발전이다. 자기복제를 하는 폴리메라아제 역할과 동시에 어쩌면 다른 분자들도 복제하는 RNA 분자가 발견될 것이라는 견해가 타당하다고 생각한다.

그러나 한편으로는 회의적이기도 하다. 우선, 이 어렵고 정교한 실험에 알맞은 분자가 얼마나 존재했을까? 나의 염려처럼 이런 분자가 드물다면(RNA 배열 1조 개에 분자 한 개), 이것들이 어떻게 생명 창조의 불씨가 될 수 있었을까?

둘째, 무엇보다도 생명 발생 이전의 화학적 조건에서 긴 RNA 단일 가닥 폴리머를 얻는 것이 해결되지 않았다. 셋째, 그러한 RNA 배열이 안정적으로 진화할 수 있는지, 아니면 자기복제 과정에서 생기는 변이로 밀려나는지 확실치 않았다. 여기에서 핵심은 '아이겐-슈스터 오류 파국Eigen–Schuster error catastrophe'이라고 부르는 문제이다.

만프레드 아이겐과 피터 슈스터는 여러 해 전, 시험관에서 RNA 배열의 선택 과정을 진행할 때, 변이의 비율이 증가함에 따라, 처음의 집단은 '주 배열'과 매우 유사한 형태를 유지한다는 것을 보여 주었다. 그러나 변이의 비율이 한계치에 다다르면, 이러한 특성이 사라지고 집단은 매우 달라진다. 주 배열의 정보가 사라지는 것이다. 이것이 오류 파국이다. 요컨대 변이와 재생산이 일어날 때, RNA 폴리메라아제가 안정적으로 재생산되어 주 배열에 가까운 형태를 유지할 수 있을까?

문제는 훨씬 심각하다. 아이겐-슈스터 오류 파국은 변이율이 고정되었을 때의 이야기다. 그러나 RNA 폴리메라아제는 어떤가? 이 분자가 계속해서 자기복제를 하면 변이율이 높아질 수밖에 없다. 원래의 주 배열 RNA 폴리메라아제는 자기를 복사하면서 아주 조금씩 실수할 수 있고, 이렇게 해서 후손들에게 변이가 생긴다. 살짝 변이를 일으킨 후손 폴리메라아제는 오류를 더 잘 일으키는 경향을 띠게 되고, 따라서 변이가 더 잘 생기며, 그다음 세대의 배열에서는 변이를 가진 집단이 더욱 널리 퍼진다.

후손은 윗세대나 원래의 배열에 비해 오류를 훨씬 잘 일으킨다. 따라서 전체적인 배열 집단은 오류 파국으로 가고, 원래의 형태에서 급격하게 벗어나게 된다. 이 연구는 쉽게 이루어졌다. 나는 E. 차스매리E. Szathmary를 통해 이론 연구에서 이러한 파국이 일어났다는 것을 알게 되었다. 이것이 옳다면, 누드 복제 유전자•는 그 자신의 재생산 과정에서 생기는 오류로 인해 녹아 없어진다. 이것은 진화적으로 안정적이지 않다.

마지막으로 어쩌면 가장 중요한 점으로, 자기복제를 할 수 있는 RNA 폴리메라아제는 그 자체가 **누드 복제 유전자**이다. 이것은 무방비로 떠다니는 RNA 배열일 뿐이다. 그러나 어떻게 이러한 누드 유전자가 스스로 모여, 대사를 촉매하고 지질을 합성해 리포솜을 만들어 RNA의 집을 제공해 원시세포를 형성하는가? 리보자임 폴리메라아제에서 이러한 묘기로 가는 명백한 경로는 없다. 나는 이러한 비판이 치명적이라고 생각하진 않지만, 분명히 생각해봐야 할 부분들이 있다고 본다.

• nude replicating gene. 다른 보완물의 도움 없이 자기복제한다는 뜻으로, '누드 복제 유전자'라고 부르고자 한다.

지질 세계

생명의 기원 연구에서 다음으로 중요한 갈래는 다른 종류의 분자인 지질에서 시작된다. 지질은 긴 사슬의 지방산 분자로, 물을 싫어하는 소수성 말단과 물을 좋아하는 친수성 말단이 있다. 물이 있는 환경에서, 지질은 리포솜과 같은 구조를 형성한다. 리포솜은 두 개 층의 지질로 이루어진 속이 빈 방울과 같은 구조로, 세포막과도 매우 비슷하다. 두 층의 소수성 면이 서로 맞닿아 있고, 친수성을 띠는 두 층은 리포솜 외부와 내부의 물이 있는 환경에 노출된다.

따라서 속이 빈 리포솜은 지질 소낭이다. 놀랍게도 데이비드 디머David Deamer는 머치슨 운석에서 나온 지질이 이러한 리포솜을 만들 수 있다는 것을 보여 주었고, 우주에 생명의 기본 구성물질이 얼마나 많을 수 있는지 암시했다. 덧붙여, 리포솜은 야외에 노출된 모래 표면에 건습 순환(웅덩이나 기슭에서 물이 증발했다가 다시 응결하는)이 진행되면서 형성될 수 있는 DNA와 폴리머들을 이중막 경계를 통과시켜 내부로 가져갈 수 있다. 여기에 관해서는 나중에 더 논의하도록 하자.

리포솜은 기적을 이룬다. 리포솜은 내부 영역을 둘러싸 외부 세계로부터 격리한다. 이렇게 해서 리포솜은 내부에 갇힌 모든 분자 종이 확산되어 빠져나가지 못하도록 한다. 그렇지 않으면 분자들은 수분이 많은 외부 환경으로 확산될 것이다. 생명의 기원에 관심 있는 사람들은 이 아이디어에 환호했다. 분자 재생산이 어떻게 일어나든, 그러한 계를 리포솜 속에 넣는다는 것은 좋은 아이디어이다(나중에 이 주제에 대해 데이비드 디머와 브루스 다메르Bruce Damer의 멋진 아이디어를 언급하겠다).

한편으로, 리포솜이 자라고 싹을 틔워서 두 개의 리포솜을 형성할 수 있고, 따라서 자기재생산을 달성한다. 이 연구는 루이기 루이지Luigi Luisi와 디머에 의해 이루어졌다. 리포솜의 재생산 능력은 지질 세계 관점의 핵심이다.

도론 란셋은 GARDGraded Autocatalysis Replication Domain 모형을 연구했다(Segre, Ben-Eli, and Lancet, 2001). 여기에서 지질 분자들은 집단적 자가촉매 집합 속에서 서로의 형성을 촉매하고, 그와 동시에 둥근 덩어리를 형성한다. 이 모형이 분자적 구성의 비율을 진화시킬 수 있다는 수치적 증거가 있다.

지질 세계에도 문제는 있다. 여기에서 출발해 다른 주요 폴리머, 즉 DNA, RNA, 펩티드, 단백질을 어떻게 얻을 수 있는지 분명하지 않다. 지질 세계는 껍질을 얻는 방법은 보여 주지만, 알맹이를 어떻게 얻는지는 보여 주지 않는다. 그래서 우리는 분자 재생산의 창발에 대한 수많은 이론으로 넘어가야 한다. 여기에 대해서는, 1971년 내가 소개한 이론을 바탕으로 여러 학자들이 많은 연구를 해왔다(Kauffman, 1971, 1986, 1993; Hordijk and Steel, 2004, 2017; Serra and Villani, 2017; Vasas et al., 2012).

랜덤 그래프의 연결성

이 아이디어들을 소개하는 첫 단계는 에르되시 팔Erdős Paul과 알프레드 레니Alfréd Rényi가 '랜덤 그래프'라고 이름 지은 연구를 바탕으로 한다.

그래프란 단순히 점의 집합과 그것을 연결하는 선의 집합을 가진 수학적 대상이다. 형식적인 용어로 점을 '정점 V'라고 하고, 정점을 연결하는 선을 '모서리 E'라고 말한다. 랜덤 그래프는 어떤 점들의 집합과 그 점들을 임의로 연결한 선들의 집합이다.

에르되시와 레니는 랜덤 그래프에서 선과 점의 비(E/V)가 증가하면 어떤 일이 일어나는지 질문했다. 그림 4-1은 어떤 일이 일어나는지 보여 준다. 그 결과는 놀랍다. E/V가 0.5보다 작으면, 그래프는 많은 수의 연결되지 않은 '성분들'이다. 그러나 E/V가 이 문턱을 넘어서면, 연결된 구조가 나타난다. E/V가 0.5이면, 상전이가 일어나 갑자기 작은 덩어리가 거대한 덩어리의 성분으로 흡수된다. 직관적으로, 이 경우는 선의 끝 개수 2E가 꼭짓점 개수 V와 같아질 때이다. 이 시점에서 거대한 연결 구조가 나타난다.

이 짧은 소개를 한마디로 정리하면, 사물 간의 연결이 점점 많아지면 갑자기 많은 것이 직접 또는 간접적으로 연결된다는 것이다. 잠시 후, 나는 이것을 이용해 계의 분자들이 다양해지면서 집단적 자가촉매 집합이 출현할 수 있다는 것을 증명하고자 한다.

나는 집단적 자가촉매 집합의 갑작스러운 출현이라는 나름의 아이디어가 어떻게 나왔는지 한 번도 언급한 적이 없다. 그때는 1970년대였고, DNA 구조는 잘 알려져 있었다. RNA 세계관처럼, 생명은 DNA나 RNA의 주형 복제에 기반할 것이라고 생각했다. 글쎄, 자연법칙이 살짝 다르다면 어떻게 될까? 우주론 학자들이 우주를 지배한다고 말하는 물

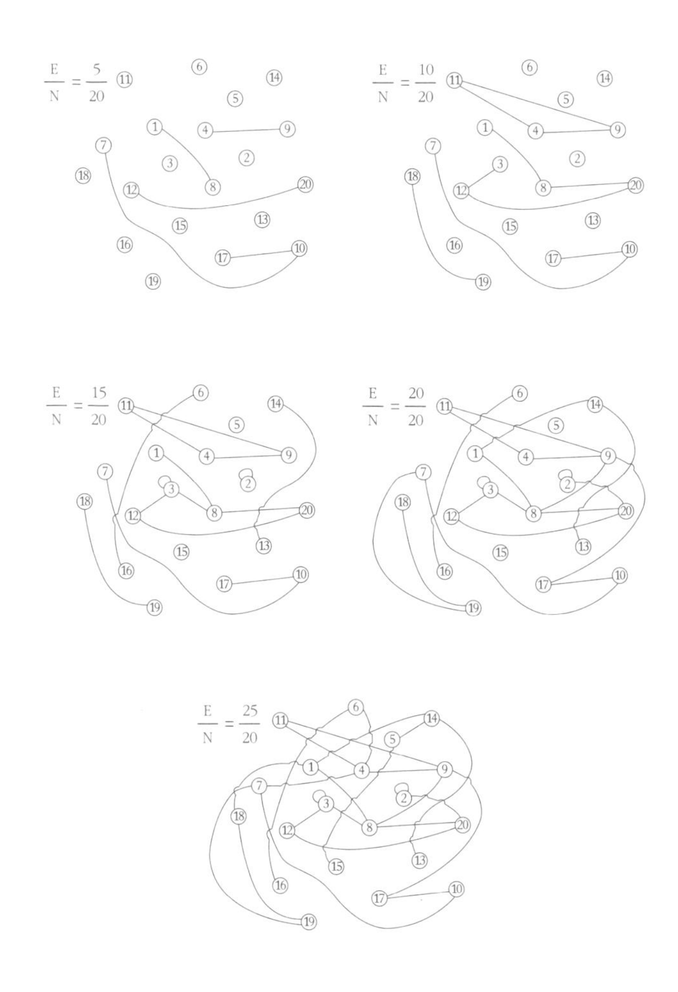

그림 4-1 에르되시와 레니는 '랜덤 그래프'가 모서리와 점의 비율 E/N가 커질 때의 진화에 대해 연구했다.

리학의 29가지 상수(전자의 전하량, 빛의 속도 등) 중 몇 가지가 살짝 달라져 여전히 복잡한 화학이 존재하지만, DNA나 RNA나 이중나선이 불가능하다고 하자. 그렇다면 생명은 존재 불가능할까?

나는 그렇지 않다고 생각했다. 생명은 더 일반적이고 기본적이어야 하며, 외부에서 공급되는 물질을 바탕으로 빠르게 서로의 형성을 촉매한다면 **어떤 분자의 조합**에서도 출현할 수 있어야 한다. 그러므로 우주에 필요한 것은 다음과 같다. 원자, 분자, 반응, 촉매 그리고 다른 것들.

여기에서 2진 폴리머 모형이 나온다. 그 핵심에는 펩티드나 RNA의 단순한 배열이 있다. abbabba가 한 예이다. 그다음에 이 추상적인 폴리머가 연결되거나 쪼개지는 단순한 반응이 있다고 하자. 말하자면 ab + bab = abbab 또는 Abbab = ab + bab와 같은 반응이다. 여기에서, 계의 가장 긴 폴리머 길이 N이 증가함에 따라, 폴리머당 반응의 비율도 증가한다. R은 반응의 수이며 M은 분자의 수이다. 따라서 폴리머 반응의 밀도가 점점 더 높아져, 기회가 많아진다.

이제 여기에 촉매를 넣어서 반응 과정을 빠르고 강력하게 해보자. 촉매는 똑같은 종류의 폴리머들이고, 폴리머를 다른 폴리머로 변화시키는 반응을 촉매한다고 하자. 집단적 자가 촉매 집합이 출현할지도 모른다!

1970년대의 실험실 장비로는 이 아이디어를 검증할 수 없었다. 그래서 나는 모든 폴리머가 고정된 확률로 모든 반응을 촉매한다는 단순한 모형을 만들었다. 나중에 나는 이 가설을 개선했지만, 그 결과는 두 경우 모두에서 확고했다.

명백히, 이 아이디어는 잘 맞았다. 점과 선의 랜덤 그래프가 상전이를 한다는 것을 돌이켜보자. 가장 긴 폴리머의 길이 N이 길어지면, 폴리머에 일어나는 반응의 **비율**도 커진다. 폴리머가 반응을 촉매할 가능성이 P라면, 어떤 점에서 폴리머당 촉매된 반응이 많아져 확률적으로 폴리머당 한 번의 반응이 촉매되고, 에르되시-레니의 거대 성분과 유사한 것이 생겨날 것이다.

바로 이것이다. 생각한 대로 작동했다. 나는 이것을 모의 실험하고서 아주 짜릿한 느낌을 받았다. 그러나 그로부터 일주일 뒤, 유명한 이론 화학자 한 사람이 나에게 왜 그런 난센스로 시간을 낭비하냐고 조언했고, 나는 이내 연구를 포기하고 말았다. 이후 10년이 지난 1983년 인도에서 열린 한 학회에서 프리먼 다이슨의 《생명의 기원*The Origins of Life*》을 읽게 되었는데, 이 책은 내가 1971년에 생각했던 것과 비슷한 아이디어를 제안하고 있었다. 나는 다시 연구를 시작했고, 도인 파머Doyne Farmer, 노먼 패커드와 공동 연구하여 1986년 자세한 모의실험을 발표했다.

집단적 자가촉매 집합은 매혹적인 성질을 띤다. 첫째, 전일론을 보여 준다. 어떤 분자도 자기 자신의 형성을 촉매하지 않는다. 이 집합은 전체로서 서로의 형성을 촉매한다. 이 성질은 어느 한 분자에서 나타나지 않고, 집합 전체에 퍼져서 분포한다.

둘째, 집합에서의 반응에 대한 촉매작용을 촉매 **과제**라고 부른다면, 이 계는 **촉매 과제 회로**를 달성한다. 촉매작용이 일어나야 할 모든 반응에 대해 촉매작용이 일어난다(나는 이 회로를 다른 필요 성분들, 즉 제약과 일 과제 회로와 연결할 것이다).

셋째, 이러한 집합은 살아있는 생명체와 마찬가지로, 비평형계이다. 이것들은 엔트로피에 즉각 굴복하지 않고, 외부에서 식량 분자들을 공급받는다. 따라서 이 비평형계는 분자 재생산으로 자기 자신을 유지할 수 있다. 이것은 우리가 생명이라고 부르는 것과 특히 비슷해 보인다.

그림 4-2는 파머와 동료들이 다룬 집단적 자가촉매 집합

을 보여 준다(Farmer et al., 1986). 당시 수행한 연구는 촉매화 확률을 모두 똑같은 P라고 보는 단순한 모형이 아니라 특정 폴리머가 특정한 반응을 촉매하는 개선된 모형도 집단적 자가촉매 집합을 형성한다는 것을 보여 주었다. 여기에서 모든 폴리머는 두 가지 기질과 대응되어야 한다. 예를 들어, aaabab는 한쪽 끝에 대응되는 기질 bbbxxx가 있어야 하고, 반대쪽 끝에 대응되는 기질 xxxaba도 있어야 한다. 이러한 대

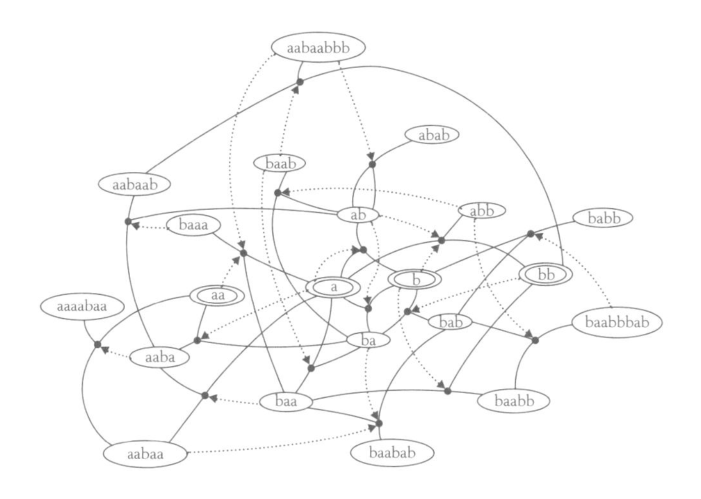

그림 4-2 문자열은 분자이고, 점은 반응이다. 실선은 기질에서 반응해 생성물로 연결된다. 점선은 분자가 촉매하는 반응으로 연결된다. 따라서, 비평형계는 제약과 일 순환을 이룬다. 폴리머의 기능은 '그다음' 반응에 대한 촉매작용이다.

응 기질이 있을 때만 이 폴리머가 xxxbbb와 abaxxx를 연결하는 반응의 촉매작용이 일어날 수 있다.

지난 50년간의 연구로 이 모형의 견고함이 증명되었다. 세부사항이 달라지더라도 자가촉매 집합은 여전히 쉽게 나타난다(Hordijk and Steel, 2004; 2017).

호직과 스틸의 연구에 따르면 집단적 자가촉매 집합을 RAF Reflexively Autocatalytic and Food-generated set(반사적인 집단적 자가촉매 및 식량에 의한 발생 집합)로 일반화하면, 자발적 반응이 거의 허용되지 않으며 각각의 반응은 서로 결합하여 더 복잡한 RAF가 되고, 축소 불가능한 상태가 된다. 이러한 RAF는 하나의 자가촉매 루프와 하나의 분자 꼬리로 이루어지며, 이 분자 꼬리는 촉매작용으로 생성되지만, 그 자신은 자가촉매에 아무런 역할을 하지 않는다. RAF 집합은 하나 또는 여러 개의 축소 불가한 자가촉매 집합들로 이루어진다.

이 이론이 처음 거론되자, 주어진 폴리머가 촉매하는 반응의 수는 N과 함께 증가하는 것으로 보인다는 비판이 나왔다. 이것은 화학적으로 적합하지 않다. 호직과 스틸은 어떤 폴리머가 촉매해야 하는 반응의 수가 1.5~2에 불과하다는 것을 증명했으며, 이것은 합당한 수로 보였다.

최근에 바사스 등이 RAF가 부분적으로 더 큰 RAF의 일원인 축소 불가한 RAF를 얻거나 잃으면서 진화할 수 있다는 것을 보였다(Vasas et al., 2012). 여기에서 더 큰 RAF는 선택 조건에서 독립적인 유전자 기능을 가진다. 요컨대, 집단적 자가촉매 집합이 진화할 수 있는 것이다.

이것을 어떻게 이해해야 할까? 이 이론은 합리적이고 타당하다. 이 계가 자가촉매 집합 속에서 펩티드와 RNA 배열을 혼합할 수도 있기에, 원시세포와 비슷한 것이 생길 가능성도 있다. 그러나 여기에는 중요한 제한이 있다. 첫째, 이 모든 연구는 형식적이고, 실험이 아닌 기호와 알고리즘으로 되어 있다. 반응 그래프에서 자가촉매 집합의 모양은 다른 문제이다. 실제의 화학적 재현은 실패할 수 있다. 세라와 빌라니는 구성 성분의 농도가 효과를 내기에는 너무 낮다고 강조했다(Serra and Villani, 2017). 그러나 파머 등의 연구에서, 우리는 이것을 모의실험해 이러한 집합의 출현이 상당히 신뢰할 만하다는 것을 알아냈다(Farmer et al., 1986).

또한, 호직은 길레스피Gillespie 알고리즘으로 단순한 예를 연구해서 상당히 신뢰할 수 있는 재생산이 일어난다는 것을 알아냈다. 길레스피 알고리즘은 각 분자 종의 사본으로 화학적 계의 연구를 가능하게 한다. 호직과 스틸이 연구했던 RAF에서, 촉매의 도움을 받지 않은 반응이 천천히 자발적으로 일어날 수 있고, 따라서 처음에는 집합의 모든 구성원이 없어도 된다(Hordijk and Steel, 2004; 2017). 이러한 자발적 반응으로, 하나의 RAF가 처음부터 모든 성분을 갖추지 못한 채로 생길 수 있다. 이 모든 것이 고무적이지만, 여전히 많은 연구가 이루어져야 한다.

두 번째 제한은 지질 세계와 분자들을 세포와 같은 소낭으로 감싸는 방법이 매우 부족하다는 것이다. 나중에 설명할 다메르와 디머의 아이디어로 이 틈을 메울 수 있을 것이다(Damer and Deamer, 2015).

컴퓨터에서 실험실로

집단적 자가촉매 집합이 DNA, 펩티드, RNA로 구현되었다. 하나씩 자세히 살펴보자.

DNA 집단적 자가촉매 집합

1980년대 중반에 G. 폰 키에드로프스키G. von Kiedrowski가 실제 DNA(여섯 개의 핵산 배열 CGCGCG)를 사용해 최초의 분자 재생산 시스템을 만들었다. 폰 키에드로프스키는 이 6합체hexamer를 만들고, 두 개의 보완물인 짧은 3합체trimer를 만들었다. GCG는 '왼쪽' 절반인 CGC의 짝이고, CGC는 '오른쪽' 절반인 GCG의 짝이다.

용액 속에서 이 6합체는 두 개의 3합체와 왓슨-크릭 염기 짝짓기로 결합하고, 두 3합체가 새로운 6합체 GCGCGC를 만드는 연결을 촉매한다. 이렇게 만들어진 6합체를 오른쪽에서 왼쪽으로 읽어가면 원래의 6합체와 같다. 따라서 이 시스템은 자기를 재생산한다. 이 반응은 자가촉매적이다. 게다가, 이 6합체는 단순한 '연결효소' 역할로 두 3합체를 연결한다. 그러나 이 6합체는 폴리메라아제로 작용하지 않아서, 뉴클레오티드를 하나씩 주형 복제하지 않는다. 따라서, 여기에서 DNA의 분자 재생산은 RNA 세계에서 상상했듯이 주형 복제 없이 일어난다.

얼마 지나지 않아, 폰 키에드로프스키는 세계 최초로 두 개의 서로 다른 6합체로 이루어진 집단적 자가촉매 집합을 만들어냈는데, 이것은 서로를 재생산했다. 결론은 작은 폴리머의 집단적 자가촉매 집합을 만들 수 있고, 이것이 제역할을 한다는 것이다.

펩티드 집단적 자가촉매 집합

단백질은 자기재생산이 어려운 것으로 생각되었다. 그 이유는 자기보완적인 DNA 나선과 같은 대칭축이 없기 때문이다. 그러나 이 굳건한 생각은 틀린 것으로 밝혀졌다. 1995년 R. 가디리R. Ghadiri가 자신을 재생산하는 작은 단백질을 만들었기 때문이다! 그는 나선형으로 감기는 단백질로 시작했다.

가디리는 코일의 한 부분이 코일의 다른 부분을 인지하고 연결할 수 있다고 추론했고, 32개의 아미노산 길이를 가진 단백질의 짧은 파편 둘을 함께 배양했다. 긴 배열이 짧은 두 조각을 연결했다. 여기에 더해서, 긴 배열이 두 조각의 짧은 펩티드 결합을 촉매하였고, 원래 배열의 두 번째 사본을 형성했다. 이처럼 시스템이 그 자신을 재생산했다. 단백질로 자기재생산을 할 수 있다!

몇 년 뒤, 가디리의 연구원 G. 아슈케나지G. Ashkenasy가 펩티드 아홉 개로 이루어진 집단적 자가촉매 집합을 만들었다. 이에 관해서는 나중에 다루도록 하자. 결론은 작은 단백질 시스템에 의한 분자 재생산이 분명히 가능하다는 것이다. 그러므로 분자 재생산은 DNA, RNA 또는 비슷한 분자들의 주형 복제 성질을 바탕으로 하지 않을 수 있다. 게다가, 생물 발생 이전prebiotic의 아미노산 합성은 꽤 쉽고, 작은 펩티드의 형성 역시 마찬가지이다. 따라서, 초기에 펩티드의 집단적 자가촉매 집합이 자발적으로 생겨날 가능성도 충분히 고려해야 한다.

RNA 집단적 자가촉매 집합

최근 두 가지 연구에서 RNA 집단적 자가촉매 집합이 만들어졌다. 링컨과 조이스가 앞에서 설명한 시험관 내 선택을 사용해, 상대방의 두 조각 연결을 촉매하는 한 쌍의 리보자임을 진화시켰다(Lincoln and Joyce, 2009).

레먼과 동료들은 일련의 리보자임을 사용해 놀라운 실험을 진행했다(Vaidya et al., 2012). 이 리보자임 각각이 인식 부위와 촉매 부위를 잘라 갈라놓는다. 인식 부위는 리보자임의 타깃을 인식하고, 촉매 부위는 리보자임의 촉매 과제를 수행한다. 이렇게 해서 반쪽이 된 리보자임을 함께 배양한다. 이 시스템은 단일한 자가촉매 리보자임을 형성하고, 그다음에 3, 5, 7개의 성분을 가진 집단적 자가촉매 집합의 루프를 형성한다! 성분이 여러 개인 RNA 집합은 단일 자가촉매를 압도한다. 이것은 분자들의 풀pool에서 자기재생산의 자발적인 창발이자, 놀라운 발견이다. 그래서 RNA 분자들도 집단적 자가촉매 집합을 형성할 수 있다.

레먼의 이 놀라운 결과는 크게 진화된 RNA 리보자임 배열에서 출발한다. 목표는 진화되지 않은 RNA 풀에서 집단적 자가촉매 집합이 자발적으로 형성되는 것이다. 임의의 RNA 배열이나 펩티드 같은 분자들에서 출발하는 것이다. 실험 연구는 지금 이 방향을 추구하고 있다. 낮은 농도에서 이러한 집합의 창발이 제한된다는 세라의 주장을 고려한다면, 진화되지 않은 RNA, 펩티드, 또는 분자 배열에서 출발해 자가촉매 집합이 자발적으로 형성되는 것이 실험으로 입증될 것이다.

생명의 세 가지 회로

3장에서 몬테빌과 모시오가 제안한 놀라운 제약 개념에 대해 살펴보았다. 그리고 두 번째 아이디어인 일 과제 회로를 소개했다. 비평형 과정에 가해지는 제약의 집합이 똑같은 집합에 대한 제약을 구축할 수 있다는 사실이다. 일 과제 회로는 이것을 성취하는 열역학적 일에 따른 과제의 집합이다. 이제 우리는 집단적 자가촉매 집합이 이것들을 성취하고, 나아가 세 번째 회로를 달성하는 것을 증명할 것이다. 바로 촉매 과제 회로이다. 이러한 계들은 본디 열려 있는 비평형계로, 자기를 재생산한다.

고넨 아슈케나지Gonen Ashkenasy는 이스라엘 벤 구리온 대학교에서 아홉 개의 펩티드 집단적 자가촉매 집합이 스스로 증식하는 실험에 성공했다(Wagner and Ashkenasy, 2009). 여기에서 펩티드 1은 펩티드 2의 두 조각을 합치는 반응을 촉매해 펩티드 2의 두 번째 사본 형성을 돕는다. 펩티드 2는 펩티드 3의 두 번째 사본 형성을, 펩티드 3은 펩티드 4의 형성을 돕고, 차례로 5, 6, 7, 8, 9로 가서, 펩티드 9는 펩티드 1의 두 번째 사본 형성을 돕는다. 이렇게 해서 촉매 순환이 완성된다.

세 가지 회로가 달성되었다. 첫째, 촉매 과제 회로이다. 어떤 펩티드도 자기의 형성을 촉매하지 못한다. 촉매가 필요한 아홉 가지 반응을 아홉 가지 펩티드 중 하나가 촉매한다. 이렇게 해서 일 과제 회로가 실현된다. 각각의 반응은 과제이고, 이를 수행하는 일이 일어나며, 새로운 펩티드 결합을 형성해 생성물을 만들어낸다. 따라서 실제의 열역학적 일 순환이 수행된다. 그러나 **촉매로서** 각각의 펩티드는 에너지의 방출에 대한 경계조건 제약이다.

촉매는 두 기질 조각을 접합하며 연결 반응의 에너지 퍼텐셜 장벽을 낮춘다. 이것은 정확히 몇몇 자유도로 에너지의 방출을 바꾸는 제약이다. 촉매는 대포와 같은 역할을 한다. 대포는 에너지가 포탄의 발사에만 쓰이도록 제한한다. 따라서 아홉 가지 펩티드는 아홉 가지 제약이며, 이 계는 정확하게 몬테빌과 모시오의 제약을 달성한다. 촉매로서의 펩티드는 제약이며, 이 계는 각 반응에 대해 에너지의 방출을 제한하여 자기 자신의 두 번째 사본을 만든다.

마지막으로, 이 계는 아홉 가지 펩티드의 반 토막들을 공급받으며 평형에서 벗어난다. 아슈케나지의 집합은 평형과 거리가 먼 계에서 세 가지 비국소적 회로(제약, 일, 촉매)를 실현한다. 이것은 생명의 특징으로, 세포도 같은 일을 한다.

분자 다양성의 후손

폴리메라아제로 작용하면서 자신을 복제하는 RNA 분자는 누드 복제 유전자 그 이상, 그 이하도 아니다. 이러한 관점에서 보면, 생명은 단순하게 시작했다. 다양한 분자가 필요하지 않으며, 단일한 배열 하나로 시작할 수 있다.

게다가 머치슨 운석에는 적어도 1만 4,000개의 다양한 유기화합물이 있다. 초기의 지구에도 아주 일찍부터 운석 낙하와 지구상에서의 합성으로 다양한 분자가 존재했을 것이다. 그러므로 분자 다양성이 존재했다는 것은 거의 확실하다.

집단적 자가촉매 집합의 자발적 창발 이론은 명시적으로 분자 다양성을 바탕으로 한다. 이러한 집합들은 화학적 수프의 다양성이 임계값을 넘어 구성물 사이에 촉매화 반응의 연결망이 형성되면서 출현한다. 촉매, 일, 제약의 전일론은 이러한 다양성의 후손이다.

나는 생명이 단순한 형태가 아니라 전체로서, 상호 촉매하는 반응의 그물로서 출현했다고 생각한다. 우리는 5장에서 초기의 대사를 구성하는 작은 유기 분자들 사이의 촉매반응 네트워크에 대해 다룰 것이다. 잠재적인 촉매로 작용할 수 있는 폴리머가 매우 다양해 대사의 형성이 더 쉽게 이루어졌을 것이다.

생명은 약 2억 년 만에 나타났다. 생명이 출현하는 경로는 합당하게 일어날 수 있어야 하고, 은밀하게 숨어 있지 않아야 한다.

생기력

지금으로부터 100년 전쯤, 많은 과학자가 생기력, 엘랑비탈elan vital, 생기론을 믿었다. 요소의 합성이 성공하면서 생물학적 유기 분자도 보통의 화학 물질임을 깨닫게 되었고, 따라서 생명이 어떤 신비로운 현상을 바탕할 필요가 없다는 것을 알게 되었다.

세 회로로, 우리는 어떤 불가사의한 마법도 개입되지 않은 전일론을 얻었다. 집단적 자가촉매 집합에서, 세 회로는 어느 한 분자의 성질이 아니라 분자들과 반응이 뒤얽힌 집합의 성질이다. 나의 추측은 세 회로가 하나로 묶여, 놀라운 생기력인 '엘랑비탈'을 가진다는 것이다. 몇몇 자유도로 에너지 방출을 제한함으로써, 특정한 비평형계는 실제의 열역학적인 일을 할 수 있으며, 자신을 만들고 재생산할 수 있다.

계 속의 단일한 분자 또는 반응에서는 이 세 가지 회로를 발견할 수 없을 것이다. 이것은 '전체'의 성질이다. 여기에는 신비로움이나 새로운 힘이 없다. 그보다는 물질, 에너지, 엔트로피, 제약, 열역학적 일을 하나로 묶는 새로운 조직화가 있으며, 이 전체가 바로 생명의 핵심이라고 나는 추측한다.

생명은 근본적으로, 비평형계와 에너지의 방출을 몇몇 자유도로 내보내 열역학적인 일을 얻는 경계조건 제약의 새로운 연결이다. 그러나 놀랍게도, 이때 수행되는 일 덕분에 더 많은 비평형계에서 에너지의 방출에 제약을 구축할 수 있다. 세포와 같은 자기재생산계에서, 이러한 과정과 제약의 구축은 꼬리에 꼬리를 물고 돌아가도록 조직화되어 회로가 달성된다. 계는 이러한 일을 이용해 자신의 제약을 구축하고 자신을 재생산하며, 촉매 과제 회로를 달성한다.

이러한 계는 '기계'이지만, 물질만의 기계도, 에너지만의 기계도, 자유 에너지만의 기계도, 엔트로피만의 기계도, 경계 조건만의 기계도 아니다. 이것은 이 모든 것의 연합이다.

세포는 일 순환을 수행하면서 자기와 비슷한 물리적 사본을 만들어낸다. 나무는 일 순환을 수행하면서 씨앗에서 자라나 자신을 구축한다. 이것은 생명의 세계에서 일의 전파와 과정의 조직화가 전파되는 예이다. 진화하는 생물권은 서로 얽혀서 유전성 변이와 자연선택에 따라 자기를 퍼뜨린다. 생물권이 물리적으로 자신을 구축하고 진화해 가는 방식이 바로 이것이다. 생물권은 복잡성과 다양성으로, 원자 수준 위의 비에르고드적 우주 속으로 한없이 솟구쳐 오른다. 어쩌면 우리는 '생기력'을 발견했다. 이것은 비물리적인 신비가 아니라, 어떻게 되어갈지 예측할 수 없는 경이로움이다.

5장

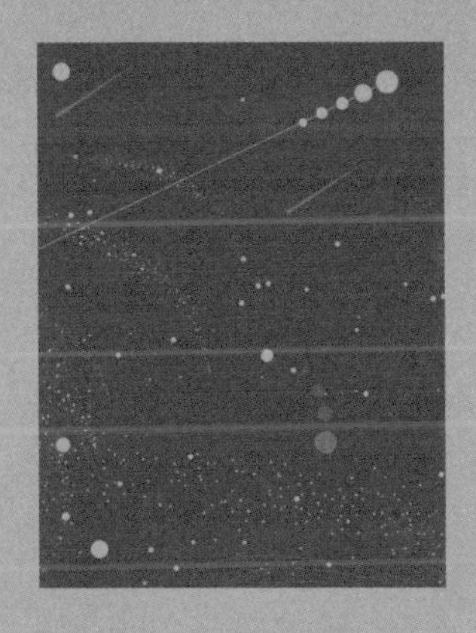

대사를 만드는 방법

How to Make
a Metabolism

때는 3,786,394,310년 전, 지금은 웨스턴오스트레일리아가 된 지역의 어느 뜨거운 온천이다. 더 정확히 현지 시각으로 오후 3시 17분경이었다.

누드 복제 RNA 리보자임 폴리메라아제 제임스가, 재생산 비슷한 일을 하고 있다. 제임스는 이렇게 중얼거린다. “하나둘 하나둘 하나둘.” 뉴클레오티드를 하나씩 이어 붙여서 자가복사를 한다. ‘휴, 너무 힘들었어’라고 생각하며 제임스는 새로 합성된 자신의 사본을 떠나보낸다.

“자, 어디까지 했지? 그래. 이것을 잡고… 하나둘 하나둘 하나둘.” 그는 자기와 똑같은 사본을 또 하나 만든다.

"그런데, 조금 지루하군." 그는 한숨을 내쉰다. "내가 대사를 할 수 있다면, 아주 풍부하고 다양한… 아, 나는 그렇게 하지 못해." 제임스는 어떻게 하면 풍부한 대사 속에서 자기 일을 훨씬 잘할 수 있을까 궁리한다. 대사를 할 수 있다면, 떠 있는 묽은 온천에서 뉴클레오티드가 확산되기를 기다릴 필요 없이 직접 합성하면 된다. 그러나 어떻게 해야 하는지 모르겠다. 대사는 도대체 어떻게 생겨나는가?

누드 복제 유전자에는 잘못된 것이 없을 뿐더러, 신이 그들을 돕기를 바라지만, 그다음의 큰 도약(누드 유전자를 지원하고 어떻게든 그 유전자의 지원을 받는 촉매 화학반응의 연결고리를 얻는 것)은 어려워 보인다.

나는 척박한 환경에서 생명이 대사 없이 발현된 게 아니라고 생각한다. 앞에서 말했듯이 머치슨 운석은 자그마한 덩어리 안에 유기 분자가 1만 4,000가지나 들어 있었다. 이 광물은 태양계가 형성되던 시기에 먼 곳에서 날아왔다. 운석이 화학적 다양성을 갖출 수 있다면, 그러한 물질이 원시 지구로 들어오고 지구에서 합성도 일어나, 온천이 화학적으로 다양한 성분을 띨 수 있었다고 짐작할 수 있다.

따라서 원시 지구의 온천은 의심할 여지 없이 화학적으로 매우 다양한 분자로 구성되어 있었다. 이러한 상황에서 4장과 같은 자가촉매 집합이 생겨나고 복잡하게 연결된 촉매 대사가 생겨날 수 있을까? 그리고 이 대사와 자가촉매 집합이 서로 도울 수 있을까?

가능하다. 나는 우리의 대사가, 생명의 다른 부분과 마찬가지로, 다양성의 후손이라고 주장한다. 사진 5-1은 사람의 대사를 가리킨다. 점은 분자의 종류를 나타내고, 선은 반응을 의미한다. 대사는 이 분자들 사이에서 일어나는 반응들의 거대한 그물이고, 거의 모든 반응이 특정 유전자에 의해 암호화된 단백질 효소로 촉매작용이 이루어진다.

대사의 반응은 마법적으로 일어나지 않는다. 각 반응에서 반응물이 생성물보다 더 많은 화학적 에너지를 가져야 하고, 이 에너지는 반응에서 사용된다. 모든 대사는 대사 순서의 최종 단계, 즉 꼭대기에서 입력되는 화학적 에너지로 구동되며, 바닥에서는 더 적은 화학적 에너지를 갖는 생성물을 만든다. 생물권에서, 꼭대기 범주에 있는 에너지는 엽록소가 포획하는 광자에 의해 공급되고, 그다음에 고에너지 전자들을 NADP(니코틴아미드-아데닌 디뉴클레오티드인산)로 방출한다. 이 전자들은 대사 사슬을 통해 화학적 에너지를 언덕 아래로

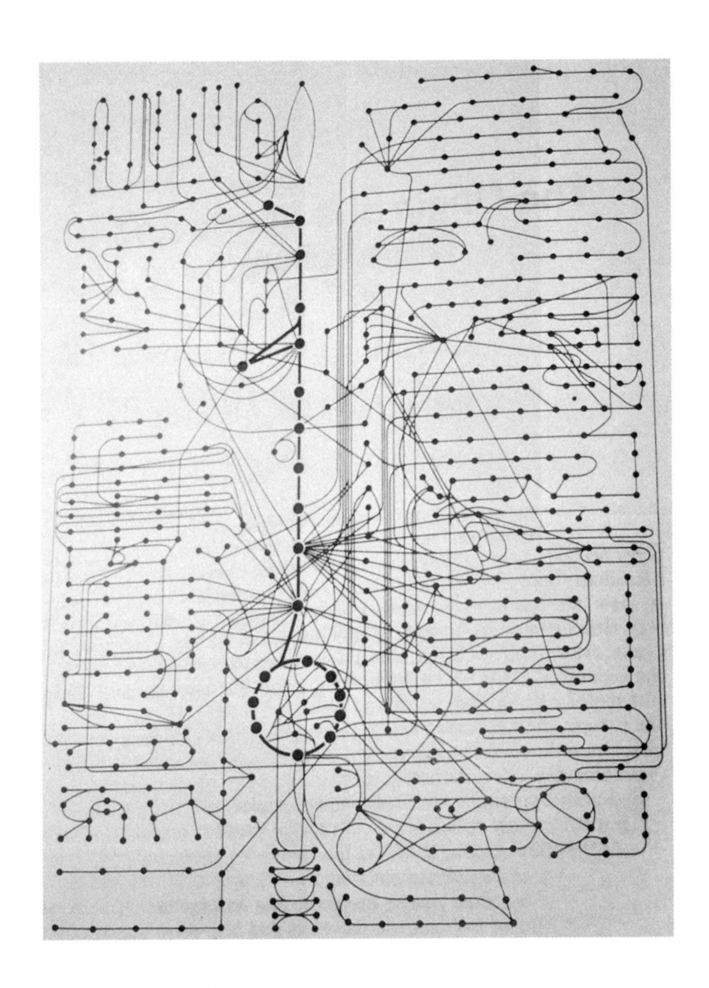

사진 5-1 사람의 대사.

운반한다. 마지막으로 전자들은 시트르산 회로에서 CO_2와 함께 제거된다. CO_2는 대사 사슬의 마지막 단계에 있는 에너지 출구라고 할 수 있다. 어떻게 이렇게 되는가?

나는 촉매의 도움을 받는 대사가 (분자의 다양성이 문턱을 넘었을 때 집단적 자가촉매 집합이 나타나는 것과 같이) 에르되시-레니 상전이 방식으로 나타난다고 제안한다. 이러한 집합들은 재생산을 하고, 따라서 분자적 재생산이 연결된 전체로서 출현하며, 대사도 같은 방식으로 생겨난다고 본다.

이 가설은 약간 급진적이지만 검증해 볼 수 있다. 우리의 직관을 이 아이디어에 맞춰 조율하기 위해 그림 5-2a, 5-2b, 5-2c를 살펴보자. 이 그림들에서 점은 분자의 종류를 가리키고, 사각형은 반응을 가리킨다. 화살표는 기질 점에서 대응되는 반응 사각형으로 연결되고, 반응 사각형에서 생성물 점으로 연결된다. 이것을 '이분bipartite 그래프'라고 하는데, 점과 사각형이라는 두 요소가 있기 때문이다. 각각의 점은 사각형으로만 연결되고, 사각형은 점으로만 연결된다.

그림 5-2a에서 모든 화살표는 반응이 촉매되지 않지만 느리게는 진행될 수 있다. 반응의 방향이 뒤바뀌면 화살표는 실제의 방향을 가리키지 않으며, 반응에서 기질과 생성물 사

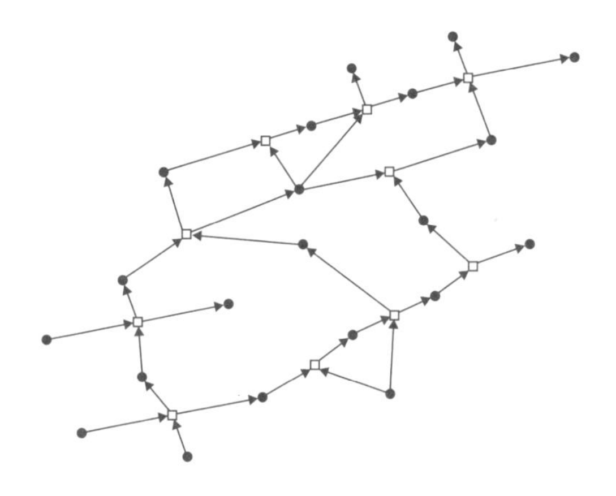

그림 5-2a 점은 분자, 사각형은 반응을 의미한다.

이의 평형이 깨졌다는 것을 의미한다. 그림 5-2b와 5-2c에서는 많은 반응이 촉매화된다. 그중에서 촉매화되면 그 사각형은 회색이고, 여기에 들고난 화살표 역시 회색을 띤다.

그림 5-2b에서 보는 것처럼, '회색의 촉매화된 반응 서브그래프'는 여러 개의 연결되지 않은 회색 구조를 가진다. 촉매화된 반응은 빠르게 진행되지만, 그 외 회색 영역은 연결되어 있지 않아서, 회색 서브네트워크 간의 빠른 분자 흐름은 일어날 수 없다. 점점 더 많은 반응이 촉매화되면서 상전이가 일어나 저절로 질서가 생기고, 촉매화된 반응의 그물이

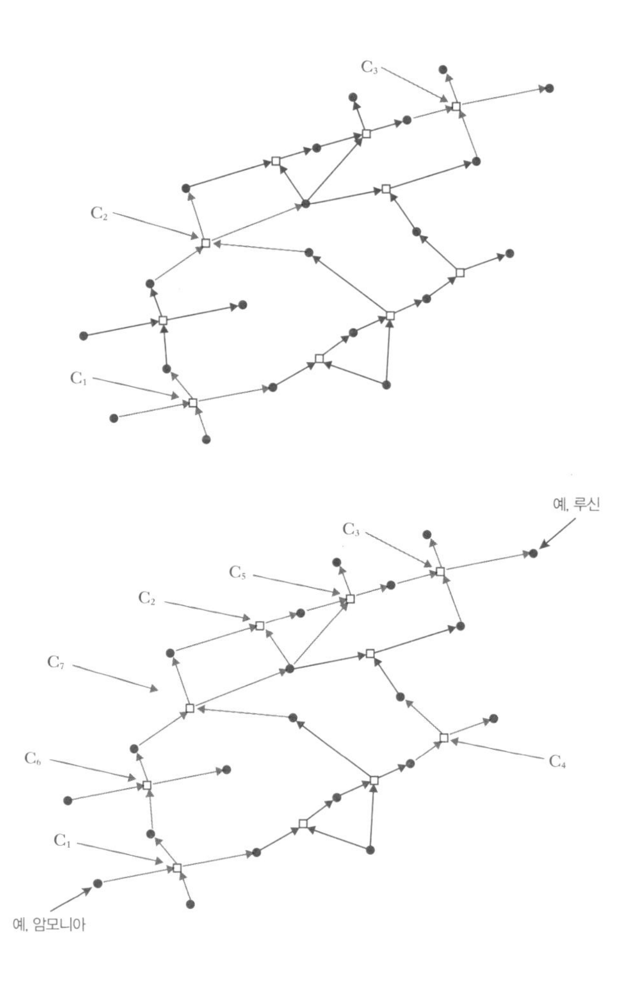

그림 5-2b, 5-2c 회색 화살표는 촉매화 반응을 의미한다. 각각의 촉매는 제약과 경계조건이기도 하다.

그림 전체를 차지하게 된다.

우리는 이것을 원시대사protometabolism(촉매화된 화학반응의 그물)로 볼 수 있다. 아직은 '원시대사'일 수밖에 없는데, 그 이유는 자가촉매 집합과 같은 자기재생산 시스템에 연결되어 있지 않았기 때문이다.

원시대사가 다양한 분자의 수프에서 저절로 촉매화되는 것을 보였기에, 우리는 순조롭게 출발했다. 그러나 생명이 어떻게 출현할 수 있었는지 검증하려면 더 많은 일을 해야 한다.

첫째, 우리는 이 원시대사가 자가촉매 집합에 연결되기를 바라며, 이 집합의 분자들(펩티드 또는 RNA)이 연결된 반응의 촉매로 작용하기를 바란다. 또한 이 대사의 산물들이 자가촉매 집합으로 공급되어 대사와 자가촉매 집합이 '서로 돕기'를 원한다. 이런 일은 가능하며, 대사와 자가촉매 집합이 연합해 서로 도우며 공진화할 수 있다.

나는 그림 5-2b와 5-2c에서, 각각의 반응을 돕는 촉매를 보여 주었다. 이것은 다시, 집단적 자가촉매 집합에서 가져온 펩티드나 RNA일 수 있다.

촉매 후보 집합 C가 있다고 가정해 보자. 이것은 펩티드이며, 고정된 확률 P를 가진다. P는 그림 5-2a에서 보여 준 반응 그래프 전체에서 각 반응에 대해 촉매작용을 할 확률이다. 또한 촉매의 도움을 받는 반응의 수 Rc는 시스템의 반응 수 R에 의존한다.

여기에서 R=10이고, P=10^{-2} 또는 1/100이라고 해보자. 이 값은 임의의 촉매 후보가 임의로 선택된 반응을 촉매할 확률이다. 그리고 이것은 계에 집어넣은 촉매 후보 펩티드의 수 C에 의존한다. C=100이라고 가정해 보자. 그러면 예상되는 촉매 반응 수는 Rc=RPC=10과 같다. 이러한 가정하에, 그림 5-2a의 거의 모든 반응이 촉매화될 것이다. 이것은 에르되시-레니 상전이와 똑같다. 그래서 우리는 열 가지 반응 모두가 촉매화될 것이라고 기대할 수 있고, 따라서 그림 5-2c와 같이 전체적으로 연결된 거대한 촉매 반응 구조를 예상할 수 있다. 우리는 에르되시-레니 상전이의 문턱을 넘어섰다. 그리고 이렇게 해서 연결된 반응 서브그래프가 형성된다.

여기에서 반응의 수가 제일 큰 수를 R, 분자의 수가 제일 작은 수를 N이라고 해보자. N개의 반응이 촉매화될 때 거대하게 연결된 촉매화 반응 그래프가 형성될 것이다. 촉매화 확률 P를 임의로 잡더라도 말이다. 여기에 대응되는 충분한 수의 후보 펩티드나 다른 촉매가 있다면, 연결된 대사가 이 펩티드들로 촉매화 될 것이다.

CHNOPS

지금까지 우리는 추상적인 분자와 그 반응을 다루었다. 이 아이디어는 실세계에도 적용될 수 있을까? 무생물의 수프에 실제 분자들을 넣으면, 그 다양성이 매우 커져 상전이가 일어나는 점을 지나, 고립된 화학 물질 덩어리들이 모여 서로 연결된 촉매화 대사가 유지될 수 있을까?

지구상에서 우리가 아는 모든 유기 분자는 탄소, 수소, 질소, 산소, 인, 황 원자로 이루어지며, 이것을 짧게 쓰면 CHNOPS가 된다. 이 원소들이 반응 그래프를 어떻게 형성하는지 살펴보자. 점은 분자(실제의 분자이다!)이고, 사각형은 반응이며, 짙은 화살표는 기질에서 사각형으로, 사각형에서 생성물로 간다.

분자들은 원자(CHNOPS)로 이루어지므로, 또 다른 변수를 도입해야 한다. 분자 하나를 이루는 원자의 수를 M이라고 하자. 분자 하나의 CHNOPS 원자 수가 M개인 반응 그래프를 생각해 보자. M = 1이라면, 이것은 단지 외톨이 원자 C, H, N, O, P, S이다. M = 10이라면, C, H, N, O, P, S 중에 뽑은 원자가 열 개 있다는 것이다.

M이 증가하면 가능한 분자 종의 수 N은 급격하게 커진다. 유기 분자는 곁가지 사슬이 촘촘히 붙어 있는 복잡한 형태가 될 수 있다. 그러나 우선 단순한 경우만 고려하자. 단 두 가지 기본 요소 a와 b만으로 이루어진 선형 폴리머(단일 스트링)를 보자. 이 경우에 분자 하나를 이루는 원자의 수가 M개가 될 때까지 가능한 분자의 수는 2에서 M + 1까지이다.

이제 M이 증가하면서, M가지 분자 종들 사이에서 얼마나 많은 반응 R이 가능한지 살펴보자. 일반적으로 R은 N보다 훨씬 빠르게 증가한다. 그리고 반응 R과 분자 종류의 수 N의 비를 M의 함수로 나타내면, M − 2가 된다. 달리 말하면, 반응 대 분자 수의 비는 본질적으로 M이고, 계에서 가장 긴 폴리머의 길이이다. 요컨대, 분자당 반응의 수는 분자 복잡성이 증가하면 급격하게 올라간다. 이것이 우리가 원했던 것이다.

지금 우리는 촉매화되지 않은 반응을 다루고 있다. M이 증가함에 따라, 분자당 반응 수가 많아지면서 분자 네트워크는 더욱 촘촘해진다. 에르되시-레니 상전이가 일어나는 이유가 바로 이것이다. 계에서 반응이 충분할 때, 그중 대부분이 순전히 우연으로, 다양한 촉매 후보 집합 C에 의해 촉매화된다. 회색의 촉매화 반응의 서브그래프가 나타나 계의 분자 종을 연결한다. C나 M을 올리면, 상전이가 일어난다.

이것은 표 5-3의 좌표계에서 가상의 곡선으로 표현된다. *x*축은 촉매 후보의 다양성 C이고, *y*축은 반응 그래프의 분자 종의 수이다. 곡선 아래에서, 계는 '임계 이하'이고, 에르

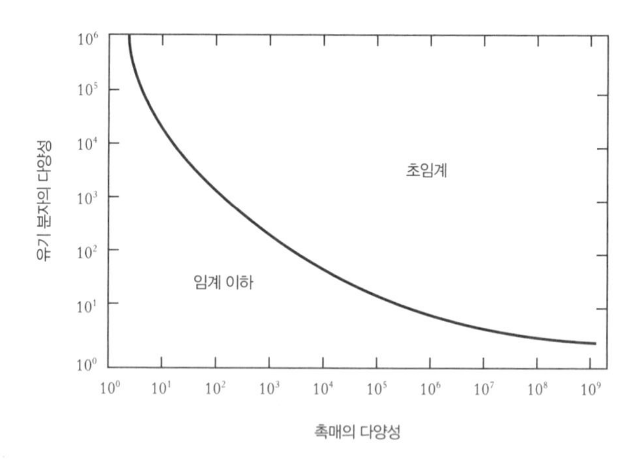

표 5-3 쌍곡선 그래프

되시-레니 상전이가 일어나지 않는다. 곡선 위에서 계는 초임계이며 상전이가 일어난다.

1	기질과 생성물 점, N개의 점
2	점과 연결된 선이 있는 반응 사각형과 R개의 반응
3	이분그래프
4	CHNOPS
5	분자당 CHNOPS 원자 M개에서 N개까지 가지는 모든 분자
6	분자당 원자 M개를 가진 분자의 수 N이 M의 증가에 따라 어떻게 변하는가?
7	분자 종의 수가 N일 때 반응의 수 R은 얼마나 되는가?
8	R/N의 비율. N이 증가하면 이 값은 증가해야 한다(2진 폴리머 모형에서).
9	R개의 반응 중 일부인 F가 촉매화된다.
10	촉매화 반응의 서브그래프
11	촉매화된 그래프 성분의 최대 크기를 F와 N의 함수로 나타내면?
12	F와 N의 함수로서 촉매화된 그래프의 후손 분포는?
13	그래프에서 물질 수송에 대한 후손 분포의 함의
14	분자와 펩티드의 집합 C가 있고, 각각의 분자가 반응을 촉매화할 확률이 있다면, P, M, C의 함수로 나타낸 촉매화 그래프는 어떻게 되는가?

표 5-4 CHNOPS의 화학반응 그래프에 대한 궁금증.

보라! 분자 수보다 반응의 수가 많은, 화학적으로 충분히 다양한 수프 속에서 많은 수의 촉매 후보들을 배양하면 전일론적으로 연결된 촉매 대사가 나타날 수 있다. 제임스는 홀로 분투하지 않아도 된다. 표 5-4는 CHNOPS의 화학반응 그래프에 대해 우리가 궁금한 많은 내용을 요약하고 있다.

반응 그래프에 대한 가설

앞에서 화학적으로 다양한 분자의 수프에서, 어떤 것은 우연히 촉매로 작용하기에 딱 알맞은 형태가 될 수 있으며, 이렇게 해서 저절로 유지되는 화학반응의 그물이 만들어질 수 있다는 것을 확인했다. 다만 이런 일이 일어날 가능성을 계산할 수 있을까?

M의 증가에 따른 CHNOPS 사이의 실제 화학반응 그래프 구조는 아직 대부분 알려지지 않았다. 다시 말해, 분자 수와 그것들 사이에서 생기는 반응 네트워크의 관계를 알지 못한다. 지금으로서는 두 종류의 원자 a, b로 이루어진 선형 폴리머인 가상의 유기 분자를 사용해 적합한 수를 계산할 뿐이

$\overline{P} = e^{-P(5000)(M-1)(1+2^{M+2})} = \frac{1}{e^8} < 0.001$		
P	M	2^{M+1}
10^{-4}	1.965	8
10^{-5}	3.8	28
10^{-6}	6.25	152
10^{-7}	8.89	1,010
10^{-8}	11.85	7,383
10^{-9}	14.83	58,251

※ 여기에 나타난 잠재적 촉매의 수는 5,000이다. 가상의 유기 분자 수는 연결된 대사의 창발에 충분한 수이다. 따라서, 시스템의 촉매 수와 유기 분자 수를 좌표로 하는 2차원 공간에서, 그 좌표가 촉매의 수와 계에 유기 분자의 수일 때, 각각의 P값이 연결된 대사가 있는 영역과 없는 영역을 분리하는 임계 곡선을 결정한다.

표 5-5 원자 A와 B의 선형 사슬로 이루어진 유기 분자에서 연결된 대사에 필요한 임계수.

다(표 5-5). 그림 5-6은 촉매 후보 5,000개(C)에 원자의 개수 M과 분자 한 개가 하나의 반응을 촉매할 확률 P를 조절하는 대사를 표현한 것이다. 표 5-5의 방정식은 연속적이고 비선형적이므로 M값의 해가 정수가 아닌 실수로 주어지며, 이것은 정수값 M의 근삿값이다. M은 분자 시스템이 얼마나

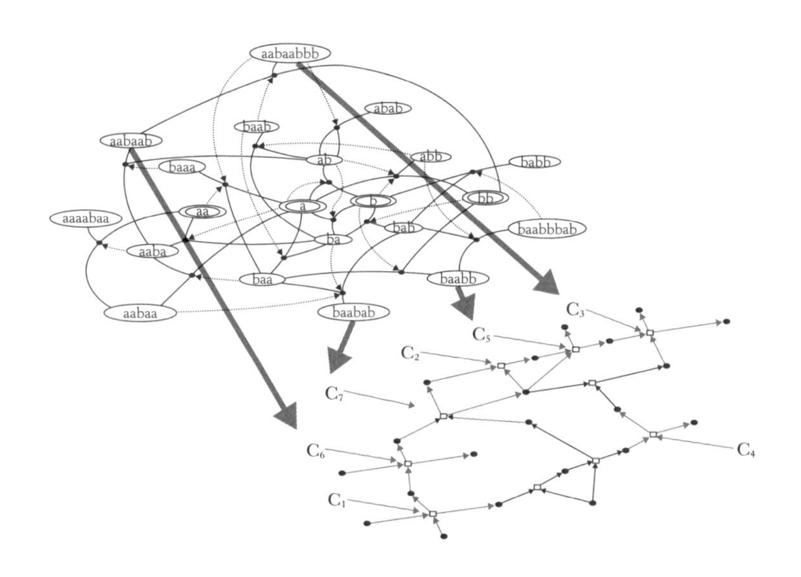

그림 5-6 펩티드 자가촉매 집합과 대사의 결합.

다양한지를 가장 잘 알려주는 N을 대신해 쓸 수 있는 값이다.

보다시피, P값의 범위는 10^{-9}~10^{-4}이다. 다시 말해, 무작위의 펩티드가 어떤 반응을 촉매할 가능성은 10억 분의 1에서 1만 분의 1까지이다. $P=10^{-7}$이고 C=5,000이면, 연결된 대사는 분자 종을 1,000개쯤 가지며, 길이는 a와 b로 이루어진 단량체 아홉 개까지이다.

수학적인 추정에 의해, 펩티드에 의한 촉매화의 확률이

10^{-5}이라고 한다면, 수십 개 분자 종의 연결된 촉매 대사를 달성하기 위해 C=150개의 펩티드 촉매 후보가 필요할 뿐이다.

이것은 고무적인 결과이다. 우리는 집단적 자가촉매 집합이 대사의 반응을 촉매하기를 원한다. 여기에서 150개의 구성 성분으로 이루어진 이러한 집합이 수십 개의 작은 분자로 이루어진 대사를 촉매할 수 있다.

이것은 집단적 자가촉매 집합이 이웃의 작은 대사를 서로 촉매하는 첫걸음이 될 수 있다. 대사의 산물이 자가촉매 집합에 공급된다면, 둘은 공진화할 수 있다. 자기재생산계와 그것을 지원하는 촉매 대사가 공진화하는 것이다.

이것은 CHNOPS에 대한 실제 화학반응 그래프의 복잡한 모형을 바탕으로 한 계산이다. 이 단순한 모형에는 세 가지 목적이 있다. 첫째, 에르되시-레니 상전이가 광범위한 조건에서 성립한다는 것을 보여 주는 것이다. 둘째, 실제의 CHNOPS 반응 그래프에 대해 적절히 계산했을 때, 촉매 후보의 수 C와 P의 함수로서 촉매 반응 그래프의 크기를 추정하는 것이다. 마지막으로, 이 아이디어를 검증할 방법을 제시하는 것이다.

실험실 안으로

이야기를 이어가기 전에, 생명의 기원을 다룬 여타의 실험들로 알려진 것들을 살펴보아야 한다. 집단적 자가촉매 집합의 창발은 임의의 폴리펩티드가 임의의 반응을 촉매할 가능성에 따라 달라진다.

임의의 펩티드가 접힐 가능성은?

단백질은 아미노산이 한 줄로 늘어선 배열로, 이것이 접혀서 반응에 대한 촉매작용과 세포 기능을 수행할 수 있는 성숙한 단백질이 된다.

나는 1994년, 2010년에 톰 라빈Thom LaBean과 함께 그리고 2011년에는 루이지 루이기Luigi Luisi와 함께 무작위의 단백질 배열이 얼마나 잘 접히는지 연구하기 시작했다. 그들은 무작위 배열의 폴리펩티드 중에서 20%쯤이 접힌다는 것을 보여 주었다. 이 자료는 섬세하진 않지만, 개선할 수 있다. 기능을 위해 반드시 접혀야 한다면, 이것은 가능하다.

무작위 펩티드가 임의의 리간드에 붙을 가능성은?

파지 디스플레이phage display 기술을 사용하여, 약 10^{-6}이라는 값을 얻었다. 파지 디스플레이란 무작위 펩티드의 유전 암호를 바이러스 파지 껍질인 단백질 유전자에 복제해 파지 바이러스 표면에 펩티드가 표시되도록 하는 기술이다. 그런 다음에 서로 다른 무작위 펩티드를 가진 파지를 시험해 주어진 표적 분자에 결합하는지 확인한다. G. 스미스가 수행한 초기 실험으로, 약 2천만 개의 배열 중에서 열아홉 개의 6합체 펩티드가 주어진 단일클론 리간드에 결합한다고 알려져 있다(여기에서 $P=10^{-6}$이라는 값이 나온다).

이러한 선택 실험에서 사용하는 기준은 실험 조건에서 단일클론 리간드에 '적절하게' 달라붙는 결합이다. 우리는 아직 **약한** 결합의 확률은 모르지만, 이것을 탐구할 수 있다. 상당히 강한 리간드 결합의 확률이 10^{-6}이라면, 약한 결합의 확률을 10^{-5}이라고 보는 것은 나쁘지 않은 추정이며, 이 정도로 촉매작용이 가능할 것이다.

무작위 펩티드가 무작위 반응을 촉매할 가능성은?

여기에서 우리는 적절한 추측을 할 수 있다. 20년 혹은 그보다 훨씬 전의 연구 결과로 단일클론 항체라고 부르는 분자가 반응을 촉매할 수 있다고 알려졌다(단일클론 항체는 동일한 항체 분자의 집합이다). 이러한 결과는 반응의 전이 상태와 비슷한 안정적인 형태를 가지는 분자와 결합하는 단일클론 항체를 발견하면 얻을 수 있었다. 따라서, 이것을 반응의 전이 상태에 대한 안정된 유사물이라고 부른다. 이러한 단일클론은 높은 확률로 반응을 촉매한다. 단일클론이 전이 상태의 안정된 유사물을 포함해 무작위적인 분자 돌출부에 결합할 확률이 파지 디스플레이와 마찬가지로 10^{-6}~10^{-5}라고 가정한다면, 촉매작용이 일어날 확률도 100만 분의 1에서 10만 분의 1이다!

이 모든 것을 다음과 같이 단순하게 말할 수 있다. 무작위의 폴리펩티드는 잘 접히고, 100만 분의 1에서 10만 분의 1의 확률로 분자의 항원결정기epitope 또는 돌출부에 결합하며, 주어진 반응을 촉매할 수 있다.

우리는 이제 이러한 아이디어를 실험으로 검증하는 방법에 대해 생각해 볼 수 있다. 우리의 아이디어가 얼마나 그럴듯한지 알아보기 위해, 먼저 무작위 펩티드가 무작위 반응을 촉매할 확률에 대해 더 알아보자. 매우 낮은 농도의 반응 생성물도 감지할 수 있다고 하자. 예를 들어, 생성물이 단백질 수용체에 결합해 흐름 성질flow behavior이 변할 수 있는데, 이런 현상은 매우 낮은 농도(10^{-15}몰)에서도 관찰할 수 있다.

펩티드가 반응을 촉매할 확률이 10^{-6}이라고 하자. 100만 개의 펩티드 '라이브러리'에서 10^4가지씩 가진 시료 100개를 반응 용기 100개에 담는다고 하자. 각 용기에 반응 기질을 주입하고, 원하는 생성물이 있는지 시험한다. 그러한 생성물이 발견된다면, 이 용기에 있는 하나 이상의 펩티드가 반응을 수행한다고 결론 내릴 수 있다. 이제 범위를 좁혀, 이 용기를 100개로 나눠, 용기마다 100개의 펩티드를 넣고 다시 실험을 진행한다. 원하는 촉매가 생성물을 만들어낸 용기들을 찾아내고, 다시 100개의 용기에 펩티드를 하나씩 나눠 담은 후 실험을 반복한다. 이 과정에서 반응을 촉매하는 C개의 촉매 펩티드가 생성된다면, $P = C \times 10^{-6}$이 촉매의 대략적인 확률이다.

이 반응의 수정된 버전은 각각 구별할 수 있는 생성물을 만드는 R개의 독립적인 반응 집합을 사용한다. 여기에서 우리의 목표는 무작위 펩티드 집합을 촉매 후보로 사용해 R개의 반응 집합을 촉매하는 것을 보이는 것이다. 우리는 이것을 곧 사용할 것이다.

이제 에르되시-레니Erdős–Rényi 상전이로 한 걸음 더 나아갈 수 있다. 충분한 양의 촉매 후보 C를 사용하여 N개 중에서 일부에 연결된 촉매 반응 그래프가 형성되도록 촉매작용을 할 수 있을까? 반응 집합을 고려하자. 이 반응 집합은 R개의 반응으로 이루어진 복잡한 반응 그래프에 속하는 N개의 유기 분자로 이루어지며, 무작위 펩티드의 집합 C를 후보에 포함한다.

우리는 C와 R을 조절하면 고정된 촉매 확률 P에 대해 에르되시-레니 임계값을 넘어선다는 것을 알고 있다. 그래서 우리는 C나 R을 변화시킬 수 있고, 확률이 어느 정도일 때 촉매 반응이 일어나는지 확인할 수 있다. 이것은 실험적으로 쉽게 확인할 수 있다. 분자당 CHNOPS 원자의 수를 M=6까지로 한다고 하자. 촉매화된 반응으로 최대 크기 여섯 개의 원자인 최초 물질에서 M=10 또는 15쯤인 더 큰 분자를 형성한다면, 이것은 질량 분광학이나 고압 액체 크로마토그래피로 쉽게 알아낼 수 있다. 이 두 가지 방법은 분자의 크기를 알아볼 수 있는 매우 섬세한 기술이다. 게다가, 우리가 촉매 집합이 들어가기를 기대하는 C-R 평면에는 상전이의 임계

곡선이 있다. C와 R을 조정하면 이 곡선을 추적할 수 있다. 그러므로 우리는 C와 R에 변화를 주어서 촉매작용의 시작을 시험할 수 있다.

또한 반응 그래프에서 자발적으로 거대한 촉매화 성분이 형성되어 에르되시-레니 상전이가 일어나는 점을 시험할 수 있다. 촉매 반응 그래프를 가로지르는 물질 이동을 관찰하면 된다.

넓게 연결된 촉매화 성분이 형성된다면, 물질의 이동은 촉매화 반응 그래프를 가로질러 일어나야 한다! 이것은 어떤 모습일까? 이론을 가정해 실험해 볼 수 있을까? 할 수 있다. 예를 들어, 작은 분자의 원자핵에 표지를 붙이는 동위원소를 생각하자. 이 분자가 촉매화 반응의 연결된 경로의 일부라면, 동위원소로 표시된 핵이 이동할 것이며, 때로는 이 경로를 따라 더 큰 분자로 이동할 것이다. 이것은 질량분광광도법*으로 직접 알아볼 수 있다. 나는 이것이 매우 흥미진진하다고 생각한다. 처음에는 촉매화 반응 그래프의 상세한 구조까지 알 필요는 없지만, 표시된 분자 속의 특정 핵이 통로를

* mass spectrophotometry. 분자의 질량을 알아내 물질의 화학적 성분을 확인하는 방법.

따라 그래프의 모든 후손에게 전달되는 것을 추적할 수 있다. 데이터를 통해 촉매 반응 그래프의 구조를 강조할 수 있는 것이다.

분명히, 무작위로 (또는 선택적으로) 촉매의 영향을 받는 반응 그래프에서 촉매 반응에 의해 분자들이 다른 분자들과 연결되는 그래프의 구조를 확인하는 것은 잘 짜인 이론 과제이다. 게다가 이러한 그래프에서 물질의 흐름은 이론적 조사대상이 된다. 예를 들어, 이 그래프에서 원자와 분자 사이의 물질, 즉 핵의 흐름을 모의실험할 수 있다.

실제로, 우리는 어떤 분자들이 촉매 반응에 의해 거대 성분의 어떤 분자에 연결되었는지 보여 주는 연결 구조를 발견할 수 있다. 즉, 한 점에서 출발해 회색 화살표를 따라 도달할 수 있는 점들을 그 점의 후손이라고 하고, 점에서 가장 먼 후손까지의 최단거리를 점(마디)에서의 반지름이라고 정의한다. 이로써 그래프 전체에 대한 후손 분포와 반지름 분포를 정의한다. 이러한 성질을 C, P, R의 함수로 나타내면 어떻게 보이는가? 동위원소 추적법을 사용해, 이 모든 것을 그래프 상의 흐름으로 시험할 수 있다.

나는 이러한 연구가 수십억 년 전, 원시 행성에서 대사가 어떻게 생겨났는지 이해하는 데 큰 도움이 될 것이라고 생각한다.

집단적 자가촉매 집합에 대사를 연결하기

촉매화된 대사가 에르되시-레니 상전이에 의해 어떻게 일어날 수 있는지 알아보았다. 이번에는 서로 별개인 대사와 자가촉매 집합이 어떻게 연결되어 대사가 자가촉매 집합에 자원을 공급하고, 자가촉매 집합이 대사의 반응을 촉진할 수 있는지 살펴보고자 한다.

간단히 말해서, 촉매화된 대사를 집단적 자가촉매 집합과 결혼시켜 자가촉매 집합이 연결된 대사의 반응을 촉매하고, 집합에 필요한 분자를 대사가 공급할 수 있도록 할 수는 없을까?

물론 할 수 있다. 그림 5-7과 5-8은 우리의 즐거운 시스템을 보여 준다. 그림 5-7에서, 자가촉매 집합의 어떤 펩티드가 대사의 한 반응을 촉매한다. 물론 현실에서 우리는 대사에 필요한 모든 반응을 펩티드가 촉매하기를 바란다. 그림

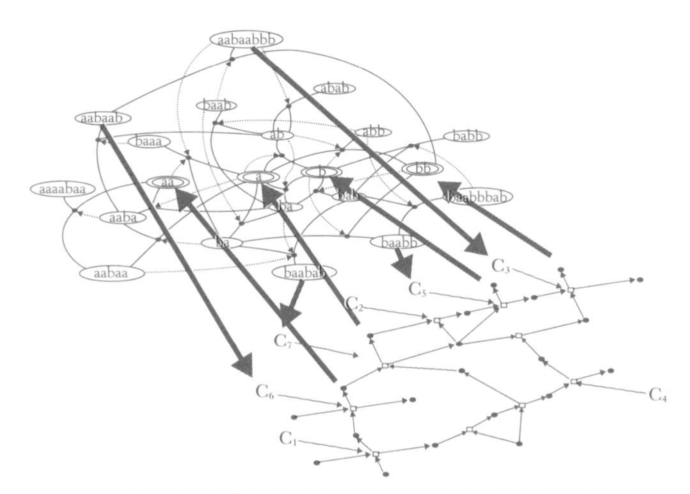

그림 5-7 대사가 자가촉매 집합에 자원을 공급하고, 이 집합이 대사를 촉매한다.

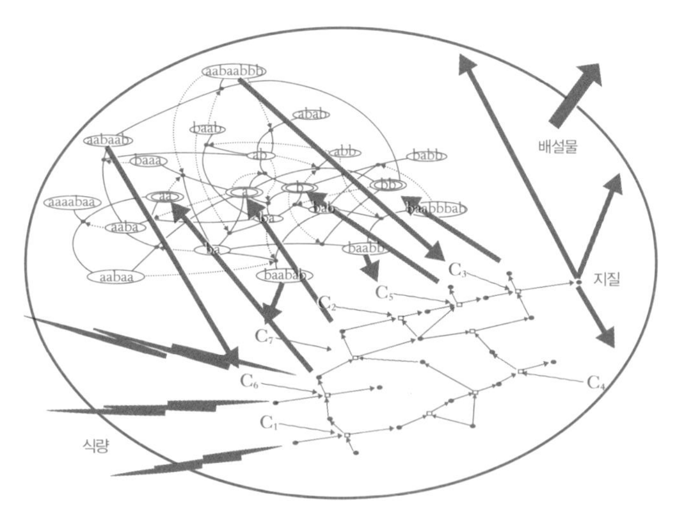

그림 5-8 원시세포에 대한 스케치.

5-8에서, 대사가 집단적 자가촉매 집합을 상호 공급한다! 다시 말해, 집합에 필요한 작은 분자들을 대사가 만든다. 따라서, 대사와 자가촉매 집합이 하나로 결합되었다.

이제 우리는 새로운 아이디어를 살펴볼 준비가 되었다. 집단적 자가촉매 집합은 축소할 수 없는 여러 개의 자가촉매 집합으로 구성된다. 축소할 수 없는 이유는 한 종류의 분자를 제거하면 저절로 유지되었던 구조가 무너지기 때문이다. 이러한 집합이 자가촉매 루프를 가지고, 하나 이상의 펩티드 꼬리가 루프에 매달려 있을 수 있지만, 꼬리는 자가촉매 집합의 유지에 아무런 역할도 하지 않는다. 이러한 꼬리 단백질은 대사에 대한 촉매로 좋은 후보들이다.

이제 정말 큰 과제가 남았다. 진화의 경우, 선택이 작용하는 조건에서 축소 불가능한 집합들을 잃거나 얻을 수 있으므로(Vassas et al., 2012), 이것들이 유전자와 같은 역할을 할 수 있으며, 유전성 변이와 선택이 이루어진다. 따라서 꼬리가 대사의 반응을 촉매한다면, 여기에서는 꼬리를 얻거나 잃어서 선택이 일어날 수 있다.

촉매화된 대사가 자가촉매 집합에 자원을 공급하고, 바로 그 자가촉매 집합으로 촉매화되는 연합은 생각하기 쉽다. 이것이 핵심이다. 이 둘은 상호 이득을 얻으며 함께 선택이 이루어질 수 있다. 예를 들어, 집합의 펩티드가 진화해 대사의 새로운 반응을 촉매하고, 집합에 공급할 새로운 종류의 분자를 생성할 수 있다.

작은 분자 N이 촉매 후보 집합 C와 함께 들어 있는 수프의 종류가 다양할 때, 연결된 촉매화 대사가 에르되시-레니 상전이를 일으키는 것을 보았다. 수학적으로는 분명 이러한 상전이가 일어나며, 우리는 지구에서 생명을 이루는 유기 분자로도 이런 일이 일어난다는 것을 보여 주는 실험을 제시했다. 농도가 낮을 때 부분적으로 촉매화된 반응 그래프에서 일어나는 실제의 물질 이동에 대해서는 아주 많은 연구가 필요하다. 원시 수프의 작고 따뜻한 웅덩이에서 있을법한 희박한 농도에서도 흐름이 생긴다는 것을 보여 주기 위해 이러한 연구가 필요하다. 기질의 농도가 충분하다면 촉매화 그래프에서 실제로 물질 이동과 함께 상전이가 일어나는 것을 실험적으로 입증할 수 있을 것이다.

마지막으로, 희망적인 이유가 한 가지 더 있다. 실제 대사에서는 모든 반응이 촉매화되지 않아도 된다. 반응 중에 몇 가지는 자발적으로 일어날 수 있다. 예를 들어, 대장균은

1,787가지의 반응이 있고, 그중에서 세 가지만 촉매화되지 않는다. 놀랍게도 대장균의 대사는 그 자체가 집단적 자가촉매 집합이다(Sousa et al., 2015).

6장

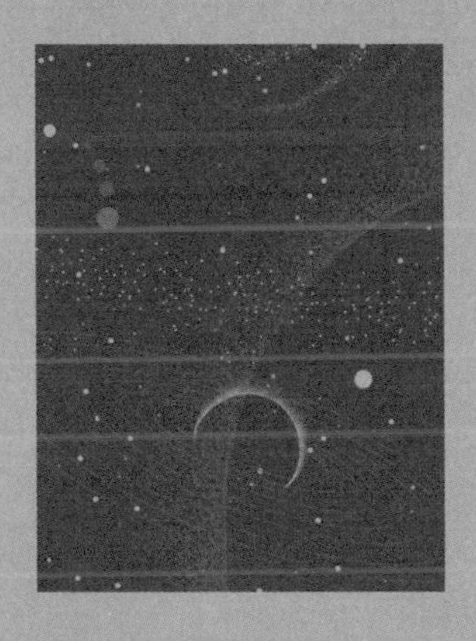

원시세포

Protocells

생명이 어떻게 시작되었는지에 관해 정확히 아는 사람은 없지만, 많은 연구자가 최초의 생명은 '원시세포'에서 시작되었다고 생각한다. 원시세포는 일종의 자기재생산 분자 시스템이라고 볼 수 있으며, 대사와 결합해 내부에 '리포솜'이라고 부르는 속이 빈 지질 자루를 가지고 있을 수 있다. 이 자기재생산 시스템은 RNA나 펩티드 혹은 둘 다로 이루어진 집단적 자가촉매 집합일 가능성이 있다.

그림 6-1은 가설적인 원시세포에 대한 스케치이다. 집단적 자가촉매 집합이 작은 분자들의 대사와 결합해 있고, 이

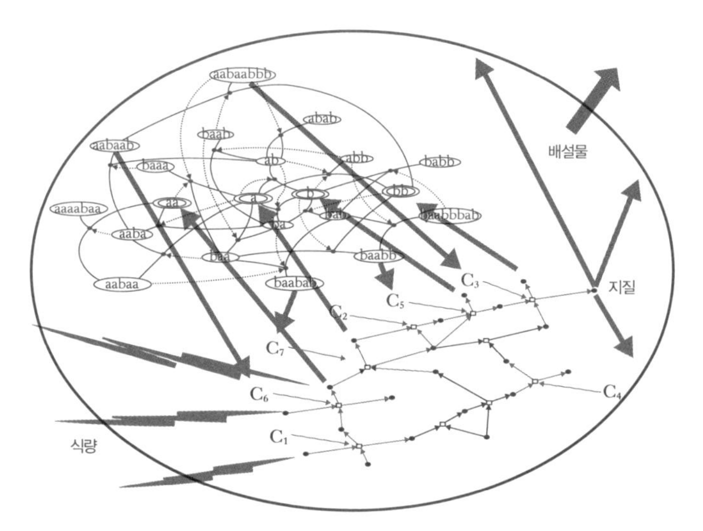

그림 6-1 원시세포에 대한 스케치.

대사의 생성물에는 지질 분자 자체가 포함되어 있다. 지질은 리포솜 자루에 들어갈 수 있으며, 그 성장을 구동할 수 있다. 리포솜이 충분히 커지면 두 개로 나뉘는데, 이것을 원시적인 세포분열이라고 볼 수 있다. 식량은 반투과성 막을 통해 형성되는 리포솜으로 들어가는데, 폐기물 또한 비슷한 방식으로 배출된다.

다메르-디머 시나리오

원시세포는 어떻게 생겨날까? 아무도 모른다. 다만 두 가지 추측이 있다. 하나는 해양의 열수분출공•에서 출현했다는 것이고, 다른 하나는 간헐적으로 분출하는 온천에서 출현했다는 것이다. 열수분출공에서는 구조가 단순한 생명체가 풍부하게 서식한다고 알려져 있는데, 초기의 생명이 열수분출공에서 번성했을 가능성이 크다.

컴퓨터과학자 브루스 다메르와 화학자 데이비드 디머는 오늘날의 아이슬란드나 하와이를 닮은, 40억 년 전에 존재했던 화산 지형의 서로 연결된 물웅덩이에서 최초의 원시세포가 나타났다고 제시했다(Damer and Deamer, 2015). 35억 년 전에 형성된 암반의 온천에서 생명이 번성했다는 증거가 웨스턴오스트레일리아에서 발견되기도 했다(Djokic et al., 2017). 원시세포는 건습 순환이 일어나 유기물이 풍부해지면서, 앞으로 소개할 과정이 일어날 수 있게 되었을 것이다.

이 시나리오에서 가장 중요한 부분은 온천에서 다층구조

• 뜨거운 물이 지하로부터 솟아나오는 구멍으로 육상과 해저에 모두 존재한다.

의 리포솜이 형성된다는 것이다. 웅덩이의 가장자리 근처에서 건습 순환이 일어날 것이다. 따뜻한 낮에는 웅덩이가 증발에 의해 마르고, 서늘한 밤에는 주변에서 물이 흘러들거나 비가 와서 다시 채워진다. 여기에는 세 단계가 있다. 첫째, 수분이 많을 때, 리포솜은 물에 뜨는 속이 빈 소낭이다. 둘째, 거의 건조됐을 때, 리포솜은 끈적한 덩어리가 된다. 셋째, 광물 표면에서 마르면, 리포솜들이 달라붙어서 층을 이루고, 내용물이 층 사이의 2차원 공간으로 스며든다. 건습 순환이 계속되면서 이 과정이 반복해 일어난다.

다메르와 디머는 이 시나리오에서 1932년 처음으로 연구된 플라스틴 반응을 사용했다. 큰 단백질을 트립신과 함께 배양한다. 소화 효소인 트립신이 소화 과정에서 단백질을 작게 자른다. 두 아미노산이 펩티드 결합을 형성하며, 물 분자 하나가 매질 속으로 빠져나간다. 따라서 이러한 상황에서 물이 증발하면, 열역학적으로 반응의 방향이 **역전**된다. 새로운 펩티드 결합(혹은 핵산 결합)이 형성되고, 초기에 무작위 배열인 폴리머 집단이 만들어진다. 이때 건습 순환에서 일어나는 일을 고려하자. 수분이 많은 환경에서는 큰 폴리머가 쪼개질 수 있다. 그리고 수분이 없을 때, 폴리머의 그 부분이 더 긴 폴리머에 붙을 수 있다. 건습 순환이 반복되면서 폴리머는 쪼개졌다 다시 붙었다 하면서, 다양한 폴리머의 수프가 만들어진다.

플라스틴 반응의 경우에, 트립신 촉매가 없어도 여전히 같은 열역학적인 힘이 작용하므로, 동일한 반응이 일어나겠지만, 훨씬 천천히 진행된다. 생명 이전의 지구에서는 촉매나 효소가 없었으므로 단순한 탈수화에 의해 같은 일이 일어나되, 더 천천히 진행된다. 욕조에 끼는 때처럼, 웅덩이의 광물 가장자리에 켜켜이 쌓인 막에서 수분이 빠져나가면, 막 사이에 꽉 끼어 있던 폴리머의 구성 요소들이 정렬해, 기능할 수 있는 폴리머의 수가 늘어난다.

다메르와 디머는 이런 방식으로 원시세포의 이론을 구성했다. 이러한 원시세포들은 여러 가지 펩티드나 RNA 배열 또는 둘 다를 풍부하게 함유한 수프를 갖추고 있다. 건습 순환 중 습한 기간에, 그동안 말라 있던 다층막이 물로 인해 불어나면서 수조 개의 리포솜이 만들어진다. 이 중 일부가 앞에서 언급한 무작위의 폴리머들을 함유하고 있어서, 원시세포를 형성한다. 습한 기간에 분자들이 쪼개져 펩티드나 RNA의 무작위적 뒤섞임과 재합성이 일어나지만, 이번에는 다층

구조의 리포솜 내부에 펩티드나 RNA 배열이 들어 있다. 리포솜과 펩티드의 수프를 내부에 품은 원시세포는 궁극적으로 보편적인 공동의 조상으로 진화할 것이다.

다메르와 디머는 건습 순환이 수백만 년 동안 반복되면서 프로스가 '동적인 운동학적 안정성dynamic kinetic stability'이라고 부르는 일종의 자연선택이 작용했다고 제안했다(Pross, 2012). 수분이 마르는 동안, 그때까지 살아남은 원시세포 수천 개가 모여서 각자가 가진 내용물을 공유한다. 수분이 다시 공급되는 사이에, 물에 불어서 새로 생긴 원시세포에 이 내용물들이 포획되고, 다시 분자들이 쪼개지는 순환이 일어난다. 어떤 방식으로든 안정성에 도움이 되는 분자들을 가진 계가 더 효율적으로 '생존'하거나 '전파'되고, 이 과정에서 더욱 튼튼한 원시세포의 집단이 형성된다고 다메르와 디머는 제안했다.

그들은 이러한 소낭 집단을 '고세포progenote'라고 불렀는데, 이것은 원래 칼 우스와 조지 폭스가 처음 사용한 후(Carl Woese and George Fox, 1977), 다메르가 받아들인 용어이다. 그들이 옳다면, 이러한 고세포들은 지구상 모든 생명의 조상인 셈이다.

이 시나리오에서 놀라운 부분은 다메르와 디머가 애초에 자기재생산할 수 있는 세포가 존재하지 않는 상황에서 어떻게 유전성 변이와 비슷한 것이 나올 수 있는지에 대한 문제를 해결했다는 것이다. 그들이 설명하는 계에서 동적인 운동학적 안정성을 위한 선택이 일어날 수 있다면, 그들은 고세포들의 여러 가지 변이를 축적할 수 있는 한 형태를 얻는 것이다.

그러나 나는 선택된 전파의 안정성이 어디에서 오는지 살펴보며, 그들의 아이디어를 바탕으로 논의하고자 한다.

원시세포를 향하여

다메르와 디머는 펩티드와 RNA 같은 폴리머의 **유용한** 혼합물을 사용하여 리포솜을 선택할 수 있다고 보았다. 그러나 분자들이 쪼개지고 다시 결합하면서 마구잡이로 뒤섞이는 과정에서 유용한 배열은 사라질 것이다. 리포솜에 있는 열 개의 아미노산 길이의 펩티드 10^3개를 생각해 보자. 이러한 배열은 20^{10}개 또는 10^{13}개 정도 있다. 분자들이 쪼개지고 다시 붙는 과정이 일어날 때마다, 최초의 유용한 펩티드 1,000개가 이러한 배열 공간에서 일정한 비율로 퍼지고, 무작위로 바뀌게 된다. 유용한 폴리머의 유전성 변이가 어떻게 나타날지 분명하지 않지만, 이것은 먼저 주형 복제로 일어날 수 있다.

다음으로 다메르와 디머가 고안한 조건인 겔 응집물이나 다층구조 속에서 펩티드와 핵산의 집단적 자가촉매 집합을 생성하기를 희망한다. 그래서 이러한 집합이 우연히 생겨났다고 하자. 그리고 이 자가촉매 집합이 폴리머들의 안정된 자기재생산 집합이라고 하면, 이것이 선택될 수 있다.

이것이 **동일한 폴리머 집합을 반복적으로** 얻는 방식이 될 수 있다. 이렇게 해서 리포솜에서 집단적 자가촉매 집합이 형성된다고 하자. 이 리포솜이 웅덩이 바닥이나 가장자리에서 건조되는데, 처음에 수천 개의 다른 리포솜들과 함께 겔 상태가 되었다가 건조된다. 이 과정의 어느 시점에서 리포솜의 내용물이 넘쳐 집단적인 겔 또는 건조된 층으로 들어가, 이웃이 같은 폴리머들을 얻고, 다시 수분을 공급받아 새로운 순환이 시작된다. 이 중 어떤 것이 집단적 자가촉매 집합을 재생산할 수 있는 폴리머 집합을 가지면, 그 집합이 증식해 겔 속의 이웃으로 번지거나 다층 상태를 통해 건조된 겔에 수분이 공급되면서 새롭게 형성된 이웃들로 전달된다. 그다음에 일어나는 순환에서, 그것들은 더 많은 이웃에 이 성질을 전달한다. 이렇게 해서 '적합한' 자가촉매의 화학적 특성을 가진 리포솜이 번식한다.

게다가 이 계는 동적인 운동학적 안정성을 달성해야 한다. 우리는 이미 집단적 자가촉매 집합들이 일, 제약, 촉매의 세 가지 회로를 달성한 것을 보았다. 이것은 건습이 반복될 때마다 **동일한** 계가 재생산된다는 것을 뜻한다. 이러한 번식이 동적인 운동학적 안정성을 이룬다. 폴리머들이 무작위로 뒤섞이는 것과 비교할 때, 내부에 자기재생산하는 안정된 분자 계를 가진 고세포가 승리해 다음에도 재생산을 계속할 것이다.

요컨대, 이러한 집단적 자가촉매 집합은 똑같은 폴리머를 만들어냄으로써 선택되는 집합이 될 수 있고, 이것이 전파되면서 다층구조의 형태가 환경(수성, 겔, 건조)에서 안정되는 데 도움될 수 있다. 그리고 다층구조의 형태는 혹독한 환경에 대항해 이 집합의 내용물이 흩어지지 않고 보완될 수 있도록 돕는다.

일종의 분자적 상부상조가 진행된다. 이것으로 집합 속에서 장점을 가진 폴리머의 선택이 가능해질 뿐만 아니라, 다층구조를 가진 고세포 속에서 전파를 돕는 지질의 선택도 가능해진다.

5장에서, 우리는 집단적 자가촉매 집합은 연결된 촉매화 대사를 촉진하며 거기에 달라붙을 수 있다고 가정했다. 다메르-디머 환경은 이런 일이 원시 지구(또는 비슷한 조건의 우주 어디에서든)에서 어떻게 일어날 수 있는지 보여 준다. 새로 형성되는 지구에서 이런 계에는 유기 분자들이 풍부하게 존재할 수 있다. 오래된 머치슨 운석이 보여 주듯이 운석 충돌로 유기물을 공급받기 때문이며, 이러한 계가 촉매 대사에 연결될 수 있다.

어떤 대사들은 연결된 집단적 자가촉매 집합의 재생산을 더욱 잘 도울 수 있어서, 이 대사가 선택되어 진화적으로 증폭될 수 있다. 이 과정의 어딘가에서, 자가촉매 집합 자체에 소용이 없는 지질을 부산물로 만들게 되었다고 하자. 궁극적으로, 지질을 만드는 대사와 집단적 자가촉매 집합이 연합해, 이 지질로 외부 보호막을 만들 수 있다면 '원시세포의 상부상조'가 이루어질 수 있다.

더 복잡한 원시세포로 가는 한 가지 경로가 겔 상태일 수 있다. 다층구조가 형성되는 겔 속에서 특정한 지질이 원시세포의 덩어리에 이용될 수 있고, 따라서 이런 방향으로 선택이 일어날 수 있다. 웅덩이의 수위가 내려가 겔 상태로 농축될 때 발휘되는 기능에 따라 대사, 지질, 집단적 자가촉매 집합의 공동 선택co-selection이 일어날 조건이 갖춰질 수도 있다.

이 세 가지가 맞물려 돌아가면서 세련된 원시세포가 만들어진다고 예상할 수 있다. 그림 6-1처럼 경계를 이루는 막, 지질 합성, 자가촉매 집합, 대사를 모두 갖춘 원시세포가 웅덩이 속의 건습 순환에 의존하지 않고 분열할 수 있으며, 용액 속에서 자유롭게 살아갈 수 있을 것이다. '후기 고세포' 세계의 한 단계에서 원시세포가 여러 가지 혁신을 결합하다가 우연히 분열하는 방법을 터득해, 모든 원시 유전자와 대사의 자가촉매 집합을 안전하게 복사해 딸세포를 안전하게 분리하고…. 보라. 이제 우리가 알고 있는 대로 생명으로의 전환이 일어났다.

이 과감한 시나리오에서는 집단적 자가촉매 집합이 보호막을 이루는 리포솜과 똑같은 속도로 분열하며 그와 동시에 분리되어야 한다. 세라와 발라니는 이것이 쉽게 일어난다는 것을 보여 주었다.

그렇다면 이것이야말로 생명이 시작된 방식일까? 그럴 수도 있다. 이 모든 것이 꽤 쉽게 일어난다. 세라와 빌라니는 최근에 쓴 책을 통해 낮은 농도에서 원시세포의 작동 자체가 얼마나 어려운지 설명했다. 다만 지금까지 설명한 것들은 잘해야 희망찬 시작일 뿐이고, 앞으로 더 많은 연구가 필요하다.

엔트로피에 맞서 질서를 만들고 유지하기

심오한 문제는, 열역학 제2법칙에 맞서 생물권이 어떻게 복잡성을 구축하는가이다. 제2법칙은 닫힌계에서 무질서나 엔트로피가 증가하기만 한다고 말한다. 물질과 에너지의 출입이 가능한 계에서, 엔트로피는 증가한다. 그러나 열역학적 일이 수행될 수 있고, 복잡성을 축적할 수 있다. 원시세포에 지질이 축적되고, 식물은 광합성을 통해 이산화탄소와 물로부터 글루코스 분자를 축적한다. 여기까진 좋다. 그러나 제2법칙이 구축되는 것보다 더 빠르게 질서가 무너진다면, 질서는 축적될 수 없다! 그렇다면 질서는 어떻게 축적되는가?

질서가 축적되는 방법에 대한 충분한 답은 세 회로로 가능해 보인다. 제약, 일, 촉매가 그것이다. 제약 회로와 일 과제 회로를 갖춘 계에서, 에너지 방출에 대한 제약이 일을 하고, 이 일은 더 많은 (동일한) 제약을 구축하는 데 이용된다. 이것은 에너지를 이용해 더 많은 질서를 축적하는 것이다. 이 계들도 자가촉매에 의해 분자 계를 재생산하므로, 열역학 제2법칙이 무너지는 것보다 더 빠르게 질서를 구축할 수 있다. 앞으로 살펴볼 것처럼, 이러한 계들은 유전성 변이와 선택에 의해 진화할 수 있다. 이제 생물권은 그 자신을 만들 수 있다.

생명이 없는 삭막한 지구에서 원시세포가 생겨난 것만으로도 엄청난 사건이다. 그러나 지금의 생명은 더 많은 것을 바탕으로 한다. 단백질 생산을 부호화하는 DNA는 자기 자신을 복제하는 데 필요한 단백질인 폴리메라아제를 포함해 많은 것(원핵생물, 진핵생물, 다세포생물 등)을 만들어야 한다.

우리는 첫걸음을 상상할 수 있지만, 여전히 거대한 미스터리를 마주하고 있다.

7장

유전성 변이

Heritable Variation

다윈이 옳았다. 유전성 변이와 자연선택으로, 이 책에서 우리가 찾는 어떤 형태의 조직화된 전파와 더불어, 다양한 생물권의 영광이 일어날 수 있고, 일어났다. 호박벌, 삼나무, 성게, 바위 위에 앉은 까마귀 등, 우리는 번성하며 미래로 나아간다.

현대의 세포들에서는 유전자의 변이와 재조합으로 유전성 변이가 일어나며, DNA 나선의 암호화된 단백질 폴리메라아제 복제를 바탕으로 한다. 여기에는 유전자, 암호화된 단백질 합성뿐만 아니라 많은 것이 필요하다. 그러나 최초의 생명은 이러한 것들을 이용할 수 없었다. 오히려 최초의 생명이 유전성 변이와 자연선택에 의한 적응적인 진화로 유전자와 암호화된 단백질 합성을 우선적으로 만들어야 했다.

그렇다면 어떻게 원시생명이, 어쩌면 리포솜 속의 집단적 자가촉매 집합들 또는 누드 복제 RNA가, 유전성 변이를 보일 수 있을까?

원시세포가 RNA 리보자임 폴리메라아제 복제를 갖추었다면, 자신을 잘못 복사한 것으로 유전성 변이를 일으킬 수 있다. 문제는 앞에서 보았던 아이겐-슈스터 오류이다. 즉, 돌연변이의 비율이 낮으면, RNA 배열의 각 집단이 배열 공간에서 주 배열의 근처를 떠돌 것이다. 반대로 돌연변이 비율이 높아진다면, 이 집단은 급격히 흩어져 모든 배열 정보가 손실될 것이다. 앞에서 이야기했듯이, 잘못 복사된 폴리메라아제 사본이 원본보다 더 많은 오류를 낼 가능성이 커진다면 복사가 일어날 때마다 돌연변이율 또한 증가할 것이다. 이렇게 되면 유용한 배열들이 점점 사라지게 된다.

폴리메라아제가 원시세포에 중요한 RNA 배열을 스스로 모을 수 있다고 하더라도, 이 배열들이 일정한 돌연변이 비율로 재생산될 것이고, 다시 아이겐-슈스터 오류의 파국에 이를 것이다.

우리는 미지의 것이 어느 정도로 돌연변이를 일으킬지 예측할 수 없고, 복제되는 RNA 배열이 발견되어야 하므로 이 문제는 아직 고려할 가치가 없다. 돌연변이 비율이 낮으면 계는 진화할 수 있다. 반대로 너무 높아도 진화할 수 없다.

원시세포가 집단적 자가촉매 집합을 가진다면, 이것은 유전의 단위로 작용할 수 있다. 전형적으로 이것은 더는 줄일 수 없는 자가촉매 루프 하나 또는 그 이상과 자가촉매에는 아무 역할도 하지 않는 꼬리 하나로 이루어진다. 바사스 등이 지적했듯이, 루프는 유전자에 해당하고, 꼬리는 유전자에 결합된 표현형• 에 해당한다(Vassas et al., 2012). 자가촉매 집합들이 유전자로 작용하는 축소 불가능한 집합들을 얻거나 잃으면서 집단으로 진화할 수 있다.

다메르-디머 시나리오에서 집단적 자가촉매 집합의 창발은 비교적 쉽다. 리포솜의 지름은 대략 1미크론이다. 따라서 겔 속에서 10제곱미크론의 영역에 100개의 원시세포가 형성될 수 있다. 1제곱미터에서는 원시세포가 10^{12}개 형성된다. 다메르와 디머가 지적했듯이, 축소 불가능한 자가촉매 집합에

• 유전형의 반대되는 말로 겉으로 드러나는 형질을 의미한다.

서의 교환을 비롯해 국소적으로 다양한 일이 일어날 수 있다.

앞서 보았듯이, 다메르-디머의 건습 시나리오에서 축소 불가능한 자가촉매 집합을 얻거나 잃는 것을 상상하기는 쉽다. 두 리포솜이 쉽게 융합되어 집합이 새로운 연합을 이룰 수 있고, 따라서 서로의 축소 불가능한 집합을 공유한다. 리포솜이 갈라질 수도 있고, 딸세포로의 무작위 확산으로 축소 불가능한 집합들이 갈라진 리포솜에서 제거될 수도 있다.

집단적 자가촉매 집합들이 진화할 다른 방법들도 있다. 베이글리와 파머가 몇 년 전에 지적했듯이, 집합의 성분들이 비교적 높은 농도로 있어서 새로운 분자 종을 만드는 자발적 반응을 일으킬 수 있으며, 이들은 기질이 된다. 이러한 생성물이 되풀이해서 집합의 촉매작용으로 달라붙으면, 새로운 분자 종으로 진화할 수 있다. 마지막으로 촉매는 정해져 있지 않으며, 어떤 폴리머도 여타의 비슷한 반응들을 촉매할 수 있기에 다양성이 제공된다.

이렇게 해서 또 다른 중요한 진전이 이루어졌다. 집단적 자가촉매 집합들이 유전성 변이와 자연선택에 의해 진화할 수 있으며, 리포솜은 선택의 단위가 된다. 우리 모두의 조상인 고세포들은 진화할 수 있다.

8장

우리가 하는 게임

The Games We Play

나는 2장을 다음과 같은 질문으로 시작했다. "빅뱅 이후로 우주에서 어떻게 물질로부터 중요성이 발현되는가?" 간단히 답하면, 원시세포가 진화하면서 중요성이 발현된다.

1990년대 말, 나는 행위 주체성의 문제로 고민하고 있었다. 물리적 계가 그 자신을 위해 행동할 능력이 있는 행위자doer가 되려면 어떻게 되어야 하는가? 나는 한 가지 답을 고려하게 되었다. 자율적인 분자적 행위자는 자기 자신을 재생산할 수 있고, 적어도 하나의 열역학적 일 순환을 할 수 있는 계이다. 한 예로, 글로코스 농도 기울기에서 헤엄치는 박테리아를 생각해 보자. 당은 박테리아에게 중요하다. 중요성은 우주의 일부가 되었고, 행위 주체성은 세계에 의미를 부여하고 생명의 근본이 된다.

나는 이러한 정의를 유도할 방법은 모른다. 과학에서 정의는 정말 이상하다. 참도 거짓도 아니지만, 어쨌든 유용할 것으로 기대된다. 뉴턴의 F = ma는 푸앵카레Henri Poincare가 지적했듯이 순환적 정의이다. 힘은 독립적으로 정의된 '가속도'라는 양을 통해 질량에 의해 정의되고, 질량은 힘에 의해 정의된다. 그러나 이 정의는 천체역학과 같은 고전 물리학의 능력에서 볼 수 있듯이 자연의 이음매•에 새겨져 있다.

생물학자들은 다윈주의가 순환적 정의인지 염려한다. 적자생존이라는 말이 "적자란 생존하는 것이다"라는 정의로 보일 수 있기 때문이다. 그러나 다윈은 우리를 위해 생물학의 세계를 자세히 보여 준다. 행위 주체성에 대한 나의 정의가 유용할 수 있는데, 앞에서 지적했듯이 정의는 참도 거짓도 아니다. 그렇지만 정의는 새로운 방식으로 세계를 살피게 하며, 큰 쓸모를 보인다.

• nature at the joint. 플라톤의 《파이돈》에서 자연의 분류에 관해 이야기하며 나오는 말이다.

행위자는 자기가 행위자라는 것을 '알' 필요가 없다. 우리의 정의에 따르면 아슈케나지의 펩티드 아홉 개짜리 자가촉매 집합은 재생산과 일 순환을 하기 때문에 이미 행위자이다(Wagner and Ashkenasy, 2009). 일 순환과 열역학적 일 순환의 유일한 차이는 후자가 비자발적인 에너지의 흡수 과정과 자발적인 에너지의 방출 과정을 결합해야 한다는 것이다. 이것은 어려운 문제가 아니며, 쉽게 해낼 수 있다. 나는《탐구》에서 진정한 열역학적 일 순환을 수행하는 단순한 자기재생산계를 보여 주었다.

아슈케나지의 집합은 아직 리포솜을 갖추지 못했다. 이것은 원시세포가 아니다. 이 단계가 이뤄지면 모든 의심은 사라질 것이다. 나는 이러한 계를 초기 단계의 자율적인 분자적 행위자라고 생각하는 것이 매우 반갑다.

세계에 대한 감지, 평가, 대응

진화하는 원시세포에 대해 생각해 보자. 6장에 나온 다메르-디머 시나리오에서, 원시세포가 어떤 방법으로든 재생산이 가능하며 진화할 수 있다고 가정해 보자. 자신의 세계, 먹이의 존재, 독의 존재를 감지할 수 있고(맛이 있는지 없는지, 이로운지 해로운지) 그러한 환경적 상황에 반응해 먹이를 고르고, 독을 피할 능력이 있을 때의 선택적 장점에 대해 고려해 보자.

이러한 능력이 나타났을 때 선택적 장점은 엄청날 것이다. 그렇다면 이것이 이루어졌다고 생각해 보자. 중요성이 진화했다. 이것은 '나에게 이롭거나 해롭다'.

캐서린 P. 카우프만은 세 가지(세계를 감지하기, 평가하기, 대응하기)를 감정의 토대로 삼았다. 나는 그녀가 옳다고 생각하며, 그녀가 논의했듯이 감정이란 최초의 통합적 '감각'이라고 생각한다. 이 최초의 감각에서 여타의 모든 감각이 진화했고, 나에게 이로운지 해로운지에 대한 평가가 이뤄졌다.

움직임

우리의 원시세포는 걷기는커녕 기어다니지도 못한다. 그러나 우리는 이런 일을 할 수 있는 능력의 진화에 대해 상상해 볼 수 있다. 이것은 내부의 '졸-겔' 변환의 제어로 일어날 수 있다. 원시세포에서 어떤 부분은 단단한 겔이 되고, 어떤 부분은 액체처럼 흐르는 졸이 되어(예를 들어, 화학 삼투 펌프에 의해) 졸 부분이 겔 부분에 대해 제어 가능한 방식으로 이동할 수 있다. 그래서 아메바와 같은 운동이 가능하다.

플라톤과 고대인들의 생각에 따르면, 스스로 움직인다는 것은 '영혼'의 징후이다. 우리는 영혼과 생기론의 기초를 얻은 셈이다. 이것이 비활성의 세계에서 활기찬 세계로의 전환이다.

물질에서 중요성으로

행위 주체성이 생겨났다. 행위 주체성과 함께 행위가 생겨났다. 원시세포 또는 박테리아는 먹이를 구하고, 독을 피하기 위해 행동한다. 그러나 행위의 수행, 예를 들어 오늘날의 박테리아가 섬모로 헤엄을 치거나 원시세포가 수행하는 졸-겔 아메바형 운동은 단순한 사건이 아니라 행위이다.

우리는 왜 이런 구별을 해야 할까? 2장에서 우리는 기능이 존재하는 이유는 (심장이 피를 펌프질하는 것과 같이) 유기체가 생존하는 데 도움이 되기 때문이라고 말했다. 행위자는 먹이를 얻으려고 할 때, 기능을 수행한다. 또한 이 행위자는 원자 수준 위의 비에르고드적 우주에서 생존을 얻는다. 이것이 기능이고, 하나의 행위이다. 단순한 사건happening이 아니다.

도구적 당위

데이비드 흄David Hume은 존재에서 당위를 추론해서는 안 되며, 그렇게 하는 것은 자연주의적 오류라고 말했다. 엄마가 아이를 사랑한다는 사실에서, 엄마가 당연히 그렇게 해야 한다고 추론해서는 안 되는 것과 같다. 그러나 흄은 완전히 틀렸다. 흄은 영국 경험주의 전통에서 수동적으로 관찰하는 통 속의 뇌brain in a vat를 생각했고, 그 과정에서 어떻게 세계에 관한 믿을 만한 지식을 얻을 수 있는지 알고자 했다. 그는 어떤 것이 관찰되었다고 해서 당연히 그러해야 한다고 추론해서는 안 된다고 지적했다. 우리는 자연주의적 오류 속에서 살고 있다.

흄은 유기체도 행동하고, 아메바처럼 단순한 것도 행동한다는 점을 간과했다. 행위가 우주에 한 번 발을 들이면 잘하거나 못하는 것이 따라온다. 아이스크림콘을 먹으려면 아이스크림을 계속 입으로 가져가야 한다. 요컨대, 행위에는 도구적 당위가 따라온다. 우리는 행위자이고, 뭔가를 잘하거나 못한다는 것이 중요하다! 따라서 우리는 잘해야 한다. 이것은 도구적 당위instrumental ought로, 도덕적 당위가 아니다. 뭔가를 하는 방법은 행위 주체성이 생겨나자마자 우리와 함께했다. 그러므로 이것은 오래되었다.

복잡하고 정교한 게임

바위는 다른 바위를 피하거나 속이도록 진화하지 못한다. 그러나 행위자는 그렇게 할 수 있다. 먹이와 독이 있는 가운데 먹이 사슬이 생기면, 먹잇감은 포식자를 피하려고 독이 있는 것처럼 흉내 낼 수 있다. 흉내 내기는 진화의 모든 가능성에 있다. 어떤 나비는 잡아먹히지 않기 위해 독이 있는 나비의 무늬를 흉내 낼 수 있다. 한 번 먹이 사슬이 형성되면, 먹잇감은 포식자에 맞서는 방어 장치를 진화시킬 수 있다.

생태계에 먹이 사슬이 있든 없든, 생명체들이 서로를 상대로 할 게임은 무궁무진하다. 그때마다 수없이 많은 방식으로 의미가 재탄생한다.

우리가 하는 게임은 '우리를 공존하게 하고, 원자 수준 위의 비에르고드적 우주에서 생명과 함께 하도록 하며, 더 많은 게임을 끝없이 만들도록 한다'. 우리는 복잡하고 정교한 게임을 한다. 게다가, 우리는 그러한 게임을 하도록 진화할 수 있는 존재로, 말로는 표현할 수 없는 협력과 경쟁으로 얽힌 그물을 만든다. 앞으로 살펴보겠지만, 이 진화는 미리 정해 놓을 수 없다. 심지어 어떤 일이 일어날 것인지조차 알 수 없다! 이 주제는 앞으로 다룰 내용으로 우리와 함께할 것이며, 이것은 생물권의 예측할 수 없는 진화와 세계 경제의 진화로까지 이어진다.

9장

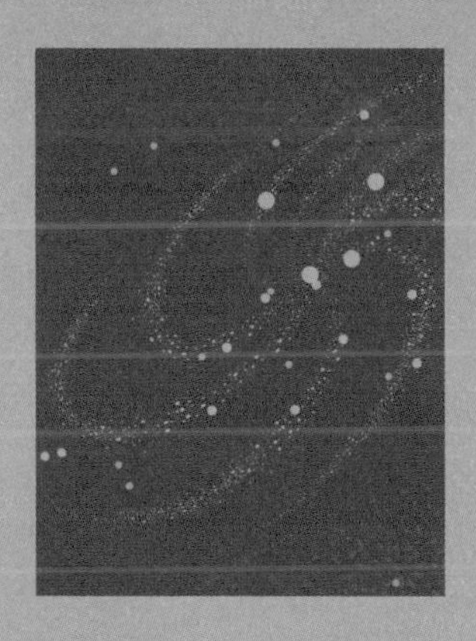

놀랍고도 진실한 이야기

The Surprising True Story of

Patrick S. "The First", Rupert R., Sly S., and Gus G.,

Protocells in Their Very Early Years

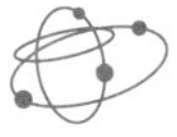

패트릭의 이야기

아주 먼 옛날, 약 40억 년 전에 머나먼 곤드와나 대륙 서해안에서 생명이 시작되었고, 원시세포가 생겨났다. 앞으로 이야기할 모든 것은 흐릿한 햇빛으로 달궈진 지구의 얕은 늪에서 일어났다. 낮과 밤이 오갔고, 패트릭Patrick, 루퍼트Rupert, 슬라이Sly, 거스Gus가 진정으로 패트릭, 루퍼트, 슬라이, 거스가 되기 전이었다. 현재 그들은 원시세포이며, X세대의 다른 사촌들과 구별되지 않는 평범한 존재에서 출발했다. 젖었다가 말랐다가를 거듭하면서 모든 X세대는 늪에서 완만하게 흘러 다니는 물질을 수동적으로 흡수했다. 아마도 먹는다고 말할 수 있을 것이다. 그들은 점점 불어났고, 40억 년 뒤에는 X세대 원시세포들의 손자의 손자의 … 손자들이, (여러분이 알다시피) 이 푸른 행성 전체에 퍼지게 되었다.

그러나 그때는 먹을 만한 '물질'이 많지 않았다. 아주 작은 부유물들이 거의 같은 속도로 떠다녔고, X세대 구성원들 또한 떠다녔기 때문이다. 이런 사정은 모두가 같았기에 아무 문제가 되지 않았고, 그 누구도 화내지 않았다.

그러던 어느 날, 원시세포 패트릭은 몸 안에서 뭔가 튀어나온 것을 느꼈다. 그는 생각했다. '이게 뭐지?' 그는 겁에 질렸다. '헉, 이건 내 그것이 튀어나온 거군. 윽.'

패트릭은 이 돌출부가 점점 더 심하게 튀어나오는 것을 느꼈다. 아미노산 열세 개로 이루어진 작은 펩티드 분자가 옆구리로 삐져나왔다.

그다음에 무슨 일이 일어났을까? 이 작은 펩티드가 튀어나와 거대한 돌멩이에 부딪혔다. 돌멩이는 패트릭보다 훨씬 컸지만, 골무보다는 작았다. 그런데 이 펩티드가 큰 돌멩이에 달라붙었다. 패트릭 자신이 달라붙은 것이다. 그는 편하게 떠다닐 수 없게 되었고, 늪에서 물질이 흘러오기만을 바라는 신세가 되었다.

패트릭은 두려운 마음에 이렇게 생각했다. "여기에서 떨어져야겠어." 그는 몸을 뒤틀어봤지만, 떨어지지 않았다. 힘을 쓰면 쓸수록 더 세게 달라붙는 것 같았다. 그는 생각했다. '모든 걸 잃었어. 엄마가 있었다면 엄마를 불렀겠지.' 그는 울부짖었다.

"그래, 좋아. 어쩌면 젖었다가 말랐다가를 몇 번 하다 보면 떨어지겠지." 그는 썰물 때 암초에 걸린 배와 같은 신세였다. "될 때까지 최선을 다해야지." 그는 희망을 버리지 않았다. "어쩌면 물질들이 내게 올지도 몰라."

"하지만… 나는 이 오래된 바위에 붙어 있는데." 패트릭에게는 희망이 없었고, 이 비통한 상황이 절망적이었다. 그래서 어떻게 되었을까?

글쎄, 패트릭이 어떻게 되었을지는 추측할 수 없다. 어느 순간, 패트릭에게 아주 많은 물질이 몰려왔다. 한 번도 본 적 없는 많은 물질이 여기저기에서 흘러들어와, 모두 삼키지 못할까 봐 걱정이었다.

패트릭은 하나라도 놓칠세라, 최대한 빨리 그것들을 삼켜댔다. 몸이 빵빵해진 패트릭은 평소보다 훨씬 빨리, 두 개의 패트릭으로 분열했다.

"우리는 붙었어." 두 패트릭이 함께 외쳤다. 둘은 아주 큰 돌에 함께 붙어 있었다. 패트릭과 패트릭은 빠른 속도로 분열한 데다, 그들에게 흘러들어온 물질이 매우 많아서 아주 많은 패트릭이 생겨났다!

일곱 달쯤 지나자 커다란 패트릭 덩어리가 생겨났고, 패트릭의 수많은 후손들이 생겨나 … 그리고 어떻게 되었을까? 패트릭은 커다란 돌에 붙은 채로, 원시 지구 최초의 '여과 섭식자'*가 되었다. 이것이 바로 최초 패트릭이 **패트릭 1세**가 된 내력이다!

달라붙기 전의 패트릭은 미숙한 X세대 원시세포였다. 이제 그는 특별하다. 그는 바위에 달라붙어 있을 수 있고, 수분이 있든 없든 정착형 여과 섭식을 한다.

패트릭은 어디에서 왔을까? 글쎄, 어쩌면 그 어디에서도 오지 않았다! 패트릭은 그저 창발했다! 처음에는 X세대 원시세포만 있었고, 패트릭은 그들 중 하나였다. 모두가 먹이

* sessile filter feeder. 특화된 여과 구조를 가지고 물을 통과시켜 물속의 음식 입자나 부유 물질을 걸러 먹는 포식자를 뜻한다.

를 삼키면서 천천히 분열했다. 그러나 패트릭은 (물론 우연히) 특별한 기회를 잡았다. 느리게 흐르는 영양분이 있었고, 돌이 있었으며, 패트릭이 달라붙은 돌도 있었다. 패트릭은 돌에 붙어 있으면서 다른 원시세포들보다 더 많은 영양분을 얻어, 더 빨리 분열했다.

그러나 돌과 영양분이 패트릭에게 기회였던 것처럼, 우주의 진행이라는 맥락에서 보았을 때, 기회가 된다는 것은 어떤 의미인가? 돌에 있어서 흐르는 물은 맥락이지 기회가 아니다.

모든 것, 모든 과정이 기회인 것은 아니다. 작은 바위 그 자체는 기회가 아니다. 바위와 느리게 흐르는 영양분의 속도도 기회가 아니다. 기회를 잡고 거기에서 유리한 점을 얻지 못한다면 기회란 없다. 패트릭은 기회를 잡았고, 일생의 행운을 잡은 것에 기뻐했다. 패트릭은 '혜택을 누리는 자'가 되었다.

우주에서 '기회를 잡는' 그 무엇이 되려면 어떠해야 하는가? 무언가를 잡을 기회가 되고, 그러한 기회를 잡을 수 있는 누군가가 되려면 어떠해야 하는가? 이 문제의 핵심은 되풀이할 가치가 있다. '혜택을 누리는 자'가 없다면 기회는 없다.

혜택을 누리는 누군가가 있어야 맥락은 기회가 된다.

기회는, 그것을 잡을 누군가가 없다면 무의미하다. 그러나 이것은 가상이 아니며 단지 단어일 뿐이 아니다. 패트릭은 진정으로 초기 생물권에서 최초의 여과 섭식자로 존재하게 되었다. 그는 자신의 기회를 잡아, 원자 수준 위의 비에르고드적 우주 안에서 존재하게 되었다. 그는 최초의 여과 섭식자 패트릭이 되었다.

기회를 잡는다는 것은 무엇인가? 생물권과 패트릭에게 이 성공은 실재이다. 패트릭 덩어리를 형성하는 더 많은 패트릭은 사실상 X세대 원시세포에서 성장했다.

패트릭과 그 후손들이 성장할 수 있었던 이유는 그들이 자가생성계로 자기 자신을 유지하고 재생산할 수 있으며, 유전성 변이를 가지고 선택되었기 때문이다. 따라서, 그와 그 후손들은 기회를 잡을 수 있었다. 그들은 전체가 부분의 수단으로 존재하는 칸트적 전체이다.

특히, 패트릭은 리포솜 속 펩티드의 집단적 자가촉매 집합이었고, 속이 빈 지질 소낭으로 부풀어 올라 나눠질 수 있으며, 리포솜을 형성하는 지질을 만들 수 있었다. 패트릭은 **유전성 변이**와 자연선택에 의해 진화할 수 있는 초기의 생명이었다. 패트릭은 기회를 잡은 '누군가'가 되었고, 천천히 흐르던 영양분과 작은 돌은 그에게 기회가 되었다. 패트릭은 원자 수준 위의 비에르고드적 우주에서 존재하게 되었다. 실제로 패트릭은 우주 전체의 진행 경로를 바꿨다. 골무보다 작은 돌에 달라붙어서 그가 해낸 일은 평범한 업적이 아니다.

패트릭 1세는 이렇게 말했다. "나는 정말 기뻐. 여기에 매달려 있는 게 너무 좋고, 내킬 때만 분열을 하거든." 패트릭은 분열을 통해 수많은 패트릭을 둘씩 만들고, 자기도 모르는 새 패트릭 덩어리가 되어 늪으로 널리 퍼졌다.

이것이 패트릭 이야기의 첫 단추이자, 아무것도 없는 곳에서 최초의 정착형 섭식이 나타나게 된 배경이다. 더불어 이 이야기는 여러분이 알아야 할 모든 것이다. 이것이 진정으로 일어난 일이다. 놀랍지 않은가? 처음에 패트릭은 없었고, 그 다음에 패트릭 '1세'라는 여과 섭식자가 무無에서 나타났다. 이것은 단지 그의 펩티드가 어쩌다 바위에 달라붙었기 때문이다. 다윈은 패트릭이 돌에 달라붙는 것과 같은 일을 전적응preadaptation이라고 불렀다.

루퍼트의 이야기

이제 루퍼트의 이야기이다(패트릭이 루퍼트가 존재할 기회를 주었다). 루퍼트는 보통의 원시세포와 다를 바 없었지만, 더 과묵한 편이었다. 그는 헤엄칠 줄 몰랐지만, 근처에 영양분이 있을 때는 조금 꿈틀댈 수 있었다. 어쩌면 그가 흥분해 꿈틀댔을 수도 있다. 그러나 루퍼트는 조금 특별했다. 그는 영양분을 삼킬 수 있었지만, 다른 X세대 원시세포에게 달라붙어 구멍을 뚫고 그 안의 내용물을 빨아들일 수 있었다.

루퍼트는 이게 좋다고 생각했고, 종종 다른 X세대 원시세포에 부딪혀 특별한 만찬을 즐겼다. 그러나 다른 X세대 원시세포에 부딪히는 일은 자주 일어나지 않았다. 원시세포들은 천천히 흐르는 영양분과 함께 천천히 흘러 다녔기 때문이다. 루퍼트는 다른 원시세포와 마찬가지로, 평범한 영양분을 삼켰다.

그러던 어느 날, 루퍼트가 늪의 외진 곳에 있는 패트릭 덩어리로 흘러들게 되었다. "아니, 아냐." 루퍼트는 말했다. "여기는 가득 차 있고… 아, 모르겠어. 어떻게 해야 깨끗한 늪으로 돌아갈 수 있지?"

그는 꿈틀대려고 애썼지만 빠르게 움직일 수 없었다. 루퍼트는 패트릭이 겪었던 만큼 비참했거나, 그보다 더했을 것이다. 그는 깨끗한 늪에서 멀리 떨어져 있었다. 루퍼트에게 어떤 일이 일어났을까? 그는 패트릭 MMMMCCCDXXXVIII 세와 부딪혔다!

루퍼트는 구멍을 뚫고 패트릭을 먹어 치웠다. 패트릭 MMMMCCCDXXXVIII세가 외쳤다. "으악!" 루퍼트는 이렇게 생각했다. '오, 멋진걸!'

이렇게 해서 루퍼트는 늪에서 '포식자'로 유명해졌다. 그는 늪에서 최초의 포식자가 되었고, 지구와 우주 전체의 포식자가 되었다. 루퍼트는 우주의 역사를 바꿨다.

곧 늪에는 수많은 루퍼트가 생겨났다. 한편으로 패트릭은 루퍼트가 모두 먹어 치울 수 없을 만큼 빠른 속도로 증가했고, 그에 따라 루퍼트의 수도 증가했다. 이것이 생물권 최초의 먹이 사슬이었다. 무에서 이것이 나타났다. 최초의 먹이 사슬이 우주의 역사를 바꿨다(그래서 다른 먹이 사슬도 생겨났다).

루퍼트도 패트릭처럼 '혜택을 누리는 자'였고, 그래서 기회가 생긴 것이다. 놀라운 점은, 루퍼트에게는 영양분을 가진 늪뿐만 아니라 패트릭도 그에게 기회였다는 점이다. 패트릭들이 정착형 섭식 생물이었기 때문에, 루퍼트는 영양분의 흐름 속에서 자신과 함께 떠다니는 보통의 원시세포들보다 패트릭과 그의 친족을 더욱 자주 만날 수 있었다.

루퍼트에게 패트릭은 **전체 맥락의 일부**였고, 그 가운데 기회를 잡았다. 패트릭은 살아가면서 패트릭 덩어리를 만들어 루퍼트에게 기회를 **제공**했다. 루퍼트 원시세포는 헤엄칠 수 없어서 천천히 움직이는 영양분의 흐름 속에서 함께 흘러 다니며 영양분을 삼키는 수밖에 없었고, 아주 드문드문 다른 원시세포와 부딪혔다. 따라서 루퍼트의 기회는 패트릭 1세와 친족들, 즉 패트릭 덩어리 속의 여과 섭식자들이었다. 루퍼트는 떠다니는 영양분을 삼키고, 아주 드물게 마주치는 다른 원시세포의 성분을 흡입하는 것에 비해 훨씬 많이 패트릭의 동족들과 부딪혔다.

이제 루퍼트는 패트릭의 동족들을 먹어 치우면서 빠르게 분열했다. 한편으로 늪의 여러 곳으로 번진 패트릭 덩어리에서 수많은 루퍼트가 자라났다.

이외 살아있는 존재는 없었다. 패트릭의 기회는 단지 느리게 흐르는 영양분과 그가 달라붙으려고 했던 작은 돌들이었다. 그러나 패트릭이 우주에 존재하게 됨으로써, 패트릭 덩어리 속의 패트릭과 친족들이 또 다른 '맥락'이 되었고, 이것이 루퍼트가 존재할 수 있는 기회가 되었다. 루퍼트는 이제 자주 마주칠 수 없었던 원시세포를 먹으려 하지 않았고, 살아남기 위해 전적으로 패트릭을 먹는 일에만 의존했다.

이제 보통의 원시세포, 떠다니는 영양분, 덩어리 속의 패트릭들, 패트릭을 뜯어먹는 루퍼트가 생태계를 이루었다. 이것은 수십억 년 뒤의 토끼와 풀의 관계와 비슷하다.

이것을 방정식으로 표현할 수 있을까? 이 이야기는 여러분이 알아야 하는 아주 많은 것을 담고 있다. 여기에서 수학은 무엇을 하는가? 수학은 패트릭과 루퍼트가 얽혀 전개되는 상황에 대해 할 수 있는 것이 많지 않다. 사실 이러한 진행에 대해 아무것도 알려줄 수 없다.

그러나 피타고라스는 수가 모든 것이라고 이야기했다. 그런가? 여기에서 '수'는 어디에 있는가? 자세히 들여다보면, 수는 필요하지 않다. 게다가 패트릭과 루퍼트는 아주 오랜 세월이 흐른 뒤에 아고라를 돌아다닌 피타고라스에 대해 들어본 적도 없다.

슬라이의 이야기

슬라이는 아주 평범한 원시세포였다. 그러나 그는 초기의 루퍼트와 비슷해서, 떠다니는 영양분을 먹을 수 있을 뿐만 아니라 원시세포도 먹을 수 있었다. 슬라이sly(교활하다는 뜻이다)는 자기 이름이 조금 경멸적이라는 것을 몰랐고, 아주 행복해 했다. 그는 늪을 떠다니며 먹이를 먹었다.

어느 날 슬라이는 루퍼트와 부딪혔다. 그리고 어떤 일이 일어났는지 아는가? 우연히 슬라이의 표면에 있는 펩티드 하나가 루퍼트에게 붙었다! 슬라이는 깜짝 놀랐고, 루퍼트는 슬라이가 달라붙은 것이 성가셨다. 그러나 선택은 슬라이에게 있는 것으로 보였다. 루퍼트는 슬라이를 떼어낼 수 없었다. 그리고 어떤 일이 일어났을까?

루퍼트가 패트릭을 먹을 때, 약간의 즙이 루퍼트의 내부 구멍을 통해 흘러나왔고, 슬라이는 패트릭의 죽음으로부터 생긴 이 즙을 빨아 먹었다.

루퍼트는 이것을 좋아하게 되었다. 자신의 바깥쪽으로 흐르는 즙이 끈적거렸기 때문이다. 슬라이는 상어의 입속에서 이빨을 청소하는 작은 물고기와 비슷했다. 이것은 생존의 이

상한 방법이다. 그렇지 않은가? 그러나 슬라이는 전보다 더 빠르게 분열했기 때문에 우주를 바꿀 수 있었고, 호수에 떠 있는 패트릭 덩어리를 뒤덮고 있던 수많은 루퍼트에게 수없이 달라붙게 되었다.

그러나 슬라이는 더 많은 일을 했다. 여러분도 알다시피, 패트릭과 그의 후손들은 작은 돌에 달라붙는 일이 힘겨웠고, 골무보다 훨씬 작은 돌에 달라붙으려 애쓰다가 때때로 미끄러지기도 했다. 그러나 루퍼트가 패트릭을 먹어 치울 때 나온 즙을 슬라이가 후루룩 마실 때, 슬라이는 늪 주변에 접착제를 분비하는 것 같았고, 이것은 패트릭이 바위에 잘 붙도록 도왔다! 그래서 루퍼트가 슬라이와 함께 있으면, 패트릭은 패트릭 덩어리 속에서 더 안전할 수 있었고, 작은 바위에 더욱 단단히 달라붙을 수 있었다.

그리고 무엇이 생겨났는가? 슬라이가 존재하게 되었다. 그의 기회는 이제 루퍼트와 패트릭 모두를 통해 이루어졌다. 슬라이도 기회를 낚아채 '혜택을 누리는 자'가 되었다. 처음에는 거의 아무것도 없었지만, 지금은 슬라이도 존재하게 되었다.

그러나 더 많은 것이 있다. 앞에서 말한 것처럼 루퍼트는 이제 원시세포를 먹지 않는다. 그러나 패트릭은 종종 바위에서 미끄러져 죽었고, 루퍼트가 먹을 수 있는 패트릭의 수는 점점 줄었다. 따라서 패트릭과 루퍼트의 개체 수 또한 줄어들었다. 그러나 패트릭이 바위에 더 단단히 붙어 있을 수 있도록 슬라이가 도왔고, 결과적으로 모두가 이득을 보게 되었다. 패트릭은 루퍼트를 위한 생태적 지위를 제공했고, 루퍼트는 슬라이를 위한 생태적 지위를 제공했으며, 슬라이는 패트릭을 위한 생태적 지위를 제공했다. 그들은 세 가지 종으로 이루어진 '집단적 자가촉매 집합'을 형성했다. 이렇게 상호 간에 생태적 지위를 창조하는 종들의 집단적 자가촉매 집합은 오늘날에도 존재한다.

사실, 슬라이 접착제가 워낙 대단한 덕분에, 패트릭은 바위에 잘 달라붙는 방법을 잊고, 전적으로 슬라이에 의존하게 되었다. 자가촉매적인 작은 생태계는 더 촘촘해졌고, 상호의존하게 되었다. 그들은 함께 나아갔으며, 패트릭, 루퍼트, 슬라이 그리고 그들의 친족들은 꽤 오랜 시간 동안 비에르고드적인 우주에서 생존하게 되었다.

거스의 이야기

거스도 평범한 원시세포였다. 그는 다른 개체와 마찬가지로 늪을 돌아다녔다. 이따금 작은 돌을 보고 다가갔지만, 거기에 달라붙을 수는 없었다. 그래서 그는 떠다니며 분열했고, 그 속도 또한 빠르지 않았다.

어느 봄날, 거스는 패트릭 덩어리를 만나게 되었다. 어떤 일이 일어났을까? 거스는 패트릭과 부딪혔고, 패트릭에게 달라붙을 수 있다는 것을 알았다. 그래서 그는 패트릭에게 달라붙었다. 거스는 무엇을 배웠을까?

거스는 패트릭의 돌에 간접적으로 달라붙었다! 그는 아주 기뻤다. 그동안 그는 혼자 힘으로 돌에 달라붙으려고 노력했지만, 실패했기 때문이다. 그러나 느리게 흐르던 영양분들이 거스에게 달라붙은 뒤에는 속도가 빨라졌고, 그는 더 많은 영양분을 먹을 수 있게 되었다. 패트릭과 마찬가지로 거스 또한 빠르게 분열했다. 때때로 패트릭 하나에 거스 두어 개가 붙기도 했다. 패트릭은 아주 성가셨지만, 거스를 흔들어 떼어낼 수 없었다. 패트릭은 겨우 꿈틀댈 수 있었기 때문이다.

거스는 '혜택을 누리는 자'였고, 거스에게 패트릭은 기회였다. 패트릭은 새로운 생태적 지위 **둘**을 제공했고, 이것이 새로운 두 가지 기회가 되었다. 하나는 루퍼트, 하나는 거스를 위한 기회였다!

다윈은 한때 종들이 자연의 번잡한 들판에 쐐기를 박는 이미지를 사용했다. 경쟁력이 있는 본성의 쐐기로 살아갈 공간을 만드는 것이다. 이것은 패트릭, 루퍼트, 슬라이, 거스의 이야기가 아니다. 패트릭은 기회를 잡아 패트릭 '1세'가 되어 패트릭 덩어리를 형성했고, 따라서 루퍼트를 위한 새로운 생태적 지위를 제공했다. 패트릭은 루퍼트를 위한 생태적 지위이자 기회이다. 루퍼트는 슬라이를 위한 생태적 지위이고, 슬라이는 접착제를 분비해 패트릭을 위한 생태적 지위의 일부가 되었다. 또한 패트릭은 거스를 위한 생태적 지위이다.

자연의 번잡한 들판에 쐐기를 박지 않아도 좋다. 들판 자체가 확장되고, 패트릭, 루퍼트, 슬라이, 거스를 창조함으로써 새로운 생태적 지위를 형성한다. 패트릭, 루퍼트, 슬라이, 거스는 서로의 생태적 지위를 만들었다. 그들은 자연의 들판에 서로를 위해 새로운 균열을 만들어 생태적 지위를 창조한다. 생물권에서는 이와 똑같은 일이 일어나며, 세계 경제에서도 마찬가지다. 패트릭이 루퍼트를 일으키고, 루퍼트가 슬라이를 일으키고, 슬라이가 이 생태계를 안정시켜 거스가 패트릭에게 달라붙을 수 있도록 하여 다양성을 폭발시켰다.

우리는 우리의 세계를 만들기 때문에 서로를 위한 공간을 만들어가는 것으로 보인다. 누군가를 위하는 것은 인접한 생태적 지위 혹은 공간에 더 많은 기회를 만든다. 가능한 생태적 지위는 그것을 만들어낸 원래의 소유자들보다 훨씬 빠르게 폭발적으로 늘어난다.

매우 비슷한 방식으로, 생물권과 세계 경제에서도 그 다양성이 폭발적으로 증가한다. 각각의 종은 새로운 종을 위해 하나 또는 그 이상의 생태적 지위를 만들고, 이로써 새로운 종이 확장한다. 새로운 상품과 서비스, 생산력은 더 많은 상품과 서비스가 나타나도록 길을 열어 준다. 개인용 컴퓨터가 워드 프로세싱을 가능하게 했고, 워드 프로세싱은 파일 공유를 가능하게 했으며, 파일 공유는 월드와이드웹을 가능하게 했고, 월드와이드웹은 온라인 판매를 가능하게 했으며, 온라인 판매가 만들어낸 웹 콘텐츠는 브라우저를 가능하게 했다. 자동차의 도입이 석유 및 포장도로 산업을 가능하게 했고, 포장도로는 교통 통제를 필요로 했으며 도로는 모텔과 패스트푸드 레스토랑을 필요로 하게 되었다.

다윈의 생각처럼 자연의 들판은 경쟁으로 들끓을 뿐만 아니라, 새로운 종이 새로운 생태적 지위를 제공하기도 해서 들판에 새로운 '고랑'이 생겨나고, 여기에서 생긴 새로운 생태적 지위가 또 다른 새로운 종을 끌어들인다. 새로운 생태적 지위는 그것을 창조하는 종보다 더 빠르게 늘어난다.

누가 기회를 잡을지는 알 수 없지만, 그들은 가능한 생태적 지위에서 특정한 기회를 잡고, 다시 새로운 생태적 지위를 만든다. '자연의 들판'은 우리가 함께 만드는 공간에 의해 점점 확장되며, 우리가 생겨나는 속도보다 더 빠르게 늘어난다. 이것이 복잡성이 창발하는 방식이다.

10장

무대는
준비되었다

The Stage Is Set

생명은 시작되었고, 생물권이 다양한 형태로 피어오를 것이다. 패트릭, 루퍼트, 슬라이, 거스는 원시세포이고, 예측할 수 없는 전개를 이어나간다. 그들은 다메르와 디머가 생각한 것과 비슷한 늪에서 창발하고 진화하며 다윈의 전적응이라고 부르는 것에 의해 적응한다. 그것은, 그들이 주어진 기능을 수행하기 때문에 선택되는 것이 아니라 기회가 있을 때 그러한 기능을 할 수 있어서 선택된다.

새의 깃털은 체온 유지를 위해 진화되었고, 나중에 비행에도 적합하게 되었다. 예를 들어, 패트릭에게는 튀어나온 펩티드가 있었고, 이것에는 아무 기능이 없었지만 어쩌다 보니 바위에 달라붙을 수 있었다. 이렇게 해서 패트릭이 최초의 여과 섭식자가 되었다.

다윈적 전적응에 대해서는 11장에서 더 알아보기로 하자. 지금 미리 설명하기는 어렵지만, 전적응은 진화의 많은 부분을 구동한다. 패트릭은 바위에 달라붙어 시간당 더 많은 먹이를 얻을 수 있었고, 따라서 새로운 '종'이 태어났다. 바위는 패트릭의 기회이고, 패트릭은 '혜택을 누리는 자'이며 따라서 유전성 변이와 자연선택에 의해 '낚아챈' 기회에서 이득을 얻을 수 있다. '혜택을 누리는 자'가 없으면 기회도 없다. 기회를 잡는 자를 위해 기회가 존재한다.

진화의 초기 형태는 각각의 존재가 새로운 '맥락'을 구성하며, 생명의 형태인 '종'이 더 많이 생기는 직접적 원인이 아니라 '가능하게 하는' 놀라운 성질을 보인다. 패트릭은 빈 생태적 지위를 구성하고, 여기에서 루퍼트가 생겨난다. 루퍼트와 패트릭이 함께 새로운 생태적 지위를 구성해 또 다른 생명의 형태인 슬라이와 거스를 가능하게 하고, 그들이 존재하게 되면서 이전의 생존 조건으로서 패트릭과 루퍼트에게 '의존한다'. 생명체와 생태적 지위의 다양성은 다시 더 많은 '종'

이 창발할 수 있게 한다. 그리고 이것은 더 많은 맥락을 만들어 더 많은 기회를 가능하게 한다.

패트릭과 그 친구들의 이야기에서처럼, 다윈은 종이 자연의 번잡한 들판에 쐐기를 박아서 자신의 공간을 만들어낸다는 이미지를 가지고 있었다. 그러나 더 많은 것이 있다. 패트릭의 존재는 들판에 새로운 균열을 만들어 루퍼트가 존재할 수 있도록 한다. 루퍼트는 자기가 직접 균열을 만들지 않아도 된다. 패트릭이 균열이다. 루퍼트는 슬라이를 위한 균열이고, 패트릭은 거스를 위한 균열이다.

종이 다양해지면서 새로운 균열, 비어 있는 생태적 지위의 수가 종의 수보다 빠르게 증가한다. 패트릭은 생태적 지위 둘을 제공하고, 루퍼트가 하나, 거스가 하나를 제공한다. 월드와이드웹은 수천 가지의 새로운 생태적 지위를 제공하였으며, 여기에는 이베이를 위한 것과 아마존을 위한 것도 포함된다. 세계 경제에는 다양성이 폭발한다. 종들은 존재를 통해, 다른 종이 새로운 방식으로 살아갈 수 있도록 다양한 기회를 창조한다.

생물권의 다양성이 폭발하다

리처드 도킨스Clinton Richard Dawkins는 《이기적 유전자》를 통해, 진화란 유전자들의 격렬한 생존 경쟁으로, 유기체는 선택을 받은 유전자의 운반체에 불과하다고 주장했다. 그러나 이 이야기는 상당히 부적절해 보인다. 방금 보았듯이, 패트릭은 존재함으로써 루퍼트가 생겨날 수 있는 생태적 지위를 구성했다. 루퍼트는 슬라이가 생겨날 수 있는 생태적 지위를 이룬다. 그리고 패트릭은 거스가 생겨날 수 있는 생태적 지위를 이룬다.

종은 존재를 통해, 다른 종이 생겨날 수 있는 새로운 생태적 지위를 만들어낸다. 게다가 이 생태적 지위는 새로운 종이 생겨나는 직접적인 원인이라기보다 새로운 종이 잡을 수 있는 기회를 가능케 하고, 새로운 생태적 지위를 통해 더욱 진화시킨다.

"이빨과 발톱으로 붉게 물든 자연"•보다 얼마나 더 드넓고

• nature, red in tooth and claw. 알프레드 로드 퇴니슨이 1850년에 발표한 시 〈In Memoriam A.H.H.〉의 한 구절이다.

풍부한가. 선택된 것은 패트릭의 유전자가 아니다. 패트릭은 DNA 같은 유전자를 갖고 있지 않다. 이기적 유전자는 없다. 패트릭이라고 불리는 생명체, 하나의 전체가 있을 뿐이다. 도킨스는 그 생명체를 잊어버렸다. 생명체가 선택되고, 유전자는 거기에 올라타 함께 가는 것이다. 우리는 11장에서 다윈적 전적응과 함께 생태적 지위 생성을 보게 될 것이다. 새로운 종은 더 많은 새로운 종을 위한 생태적 지위를 만든다. 이제 수백만 가지의 종이 우주에 있다.

우리는 수학화할 수 없다

나는 패트릭, 루퍼트, 슬라이, 거스의 이야기를 스토리로 구현했다. 그럼 보통의 'X세대 원시세포'에서 패트릭, 루퍼트, 슬라이, 거스가 나타나는 것을 방정식으로 표현할 수 있을까? 한번 해보자. 우선 어떤 변수를 쓸 것인가? 이 창발을 컴퓨터에서 어떻게 모의실험할 것인가? 나는 그 방법을 모르겠다. 그렇다면 여러분은?

피타고라스는 모든 것이 수라고 가르쳤다. 갈릴레오와 뉴턴도 마찬가지다. 자연은 수로 쓰여 있고, 키츠가 묘사한 대로 "자와 직선으로" 쓰여 있다. 우리가 패트릭, 루퍼트, 슬라이, 거스의 창발에 대한 방정식으로 쓸 수 없다면, 이것은 세계를 이해하는 우리 지식의 주요한 변화이다. 우리는 스토리를 완벽하게 이해할 수 있고, 이것을 서사로 말한다. 우리는 무엇을 더 할 수 있겠는가?

이것은 앞으로 이야기할 주요 주제가 될 것이다. 우리는 이러한 진행을 방정식으로 유도할 수 없다. 법칙에서도 유도할 수 없으며, 진화하는 생물권의 운동법칙에서도 유도할 수 없다. 진화에서 그들의 창발이 일어나기 전에 관련된 변수를 알 수 없기 때문이다. 우리는 패트릭이 옆구리에 튀어나온 펩티드로 바위에 달라붙을지 알 수 없었다. 우리는 생물권의 특정한 진화를 수학화할 수 없다. 기껏해야, 이 진화의 한 측면에 나타나는 통계 법칙을 찾을 수 있다. 요컨대, 나는 생물권의 진행을 함의하는 법칙은 없다고 주장한다. 그러므로, 우리는 생물학을 물리학으로 환원시킬 수 없다. 세계는 기계가 아니다.

맥락에 따른 정보

패트릭, 루퍼트, 슬라이, 거스는 서로에 대해 맥락에 의존하여 정보를 발전시킨다. 루퍼트는 패트릭의 습관을 파악할 수 있다. 예를 들어, 패트릭은 잡아먹히지 않기 위해 움츠릴 수 있다. 패트릭은 얼마간 그렇게 유지할 수 있고, 루퍼트는 느긋하게 기다리기만 하면 언젠가는 패트릭을 먹을 수 있다. 요컨대 패트릭, 루퍼트, 슬라이, 거스는 서로 맥락 의존적인 '게임'을 시작했다. 유기체는 증가하는 다양성의 게임을 하도록 진화할 수 있다. 그러나 바위는 그렇지 않다. 조개의 주둥이를 건드려 모래 위에 게워낸 것을 관찰하라. 피어나는 생물권의 다양성으로, 맥락 의존적 정보가 폭발한다.

이렇게 해서 무대가 준비되었다. 늪에서 시작해 생명이 피어난다. 세 회로(제약, 일, 촉매) 덕분에 생명은 물리적으로 자기 자신을 구축하고, 원자 수준 위의 비에르고드적 우주에서 복잡성을 향해 솟구친다. 이러한 솟구침은 물리학 너머의 세계에서 가능하다.

11장

선택적 진화와 스크루드라이버

Exaptations and Screwdrivers

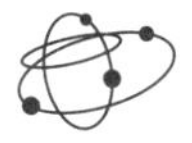

진화에서 어떤 일이 일어날지 미리 알 수 있을까? 여기에서는 그렇게 할 수 없을 때가 많다는 것을 알아보고자 한다. 여과 섭식자로서 패트릭의 창발을 미리 말할 수 없었던 것처럼, 어떤 일이 벌어질지는 예측할 수 없다.

전적응과 선택적 진화

심장의 기능은 피를 펌프질하는 것이지만, 심장이 박동 소리를 내고 심낭에 차 있는 물을 흔들기도 한다고 여러 번 이야기했다. 다윈에게 심장은 왜 그러한 기능을 가졌는지 묻는다면, 그는 우리의 조상에게 피를 펌프질하는 심장을 가지는 것이 선택적 이점이 되었고, 그러한 인과적 결과로 심장이 선택되어 우리가 물려받았다고 대답할 것이다.

다윈은 여러 가지 빛나는 아이디어를 갖고 있었다. 그는 심장이 다른 환경에서 피를 펌프질하는 것 말고, 다른 인과적 측면으로 선택되었을 수도 있다는 것을 알아내기도 했다. 어쩌면 심장이 공진상자여서, 지진 이전의 미세한 떨림을 감지할 수도 있을 것이다. 나는 밖으로 뛰어나가 끔찍한 지진에 대피해 유명해진 다음, 짝짓기를 많이 하여, 지진 이전의 미세한 떨림을 감지할 수 있는 우성의 유전적 변이를 가진 심장을 수많은 아이에게 물려줄 수 있다. 글쎄, 그럴 것 같지는 않지만, 생각해 볼 수는 있다.

요컨대, 다윈은 어떤 측면의 인과적 결과가 다른 환경에서 선택될 수 있다는 것을 깨닫게 한다. 이렇게 해서 생물권에 새로운 **기능**이 존재하게 된다. 매우 흔히 일어나는 이러한 사례를 일컬어 다윈적 전적응이라고 말하며, 진화의 관점에서는 앞으로 이런 일이 일어나리라는 어떤 암시도 없이 일어난다. 진화생물학자 S. J. 굴드는 이것을 다윈의 선택적 진화라고 불렀다.

선택적 진화는 정말 흔하다. 중이를 이루는 뼈인 모루뼈, 망치뼈, 등자뼈는 초기 어류의 턱뼈에서 선택적 진화로 생겨났다. 소리의 진동에 민감했을 것으로 보이는 이 뼈들은 다른 용도로도 사용될 수 있었다. 깃털은 체온 조절을 위해 진화했지만, 다른 기능인 비행에도 쓸모 있었다. 잘 알려진 편모모터는 많은 박테리아가 헤엄칠 때 쓰는 것으로, 한 번에 만들어지지 않았다. 다른 용도로 쓰이던 단백질 성분이 이동에 도움되었던 것이다.

내가 가장 좋아하는 다윈의 전적응은 부레이다. 어떤 물고기들은 공기와 물을 담는 주머니를 갖고 있었다. 이 주머니에 든 공기와 물의 비율이 물속에서 부력을 조절한다. 고생물학자들은 폐어의 허파에서 부레가 진화했다고 생각한다. 어떤 폐에 물이 차게 되었고, 이것이 공기와 물을 함께 담게 되어서 부레로 진화했다고 보는 것이다. 부레가 생겨나자 생물권에 새로운 기능이 존재하게 되었다. 그것은 물속에서의 부력 조절 기능으로 진화하게 되었다.

그러나 여기에는 더 많은 것이 존재한다. 패트릭이 빈 생태적 지위를 새롭게 창출하여 루퍼트에게 주었듯이, 기생충이나 박테리아가 부레 속에서만 살도록 진화할 수 있을까? 물론이다. 부레가 존재함으로써, (다윈의 말을 빌리면) 자연의 들판에 새로운 균열을 만들고, 기생충이 이 새로운 균열에서 살 수 있다. 그리고 더 많은 것이 있다. 부레는 그 안에 기생충이 사는 **원인**이 되었을까? 그렇지 않다. 부레는 기생충이 부레 안에 사는 것이 가능하도록 했을 뿐이다. 이것은 미묘하지만 결정적인 차이이다.

'원인'이 아니라 '가능하게 함'이 우리의 설명 어휘에 들어온다! 2012년에 롱고와 몬테빌과 나는 "생물권의 진화에서 함의하는 법칙은 없으나 가능하게 함은 있다"라는 논문을 발표했다(Longo, Montévil and Kauffman, 2012). 우리의 이 결말은 진화에서 모든 생태적 지위 창조는 가능하게 함이지, 원인이 아니라는 것이다. 이것을 더 자세히 설명할 수 있다. 부레 속에서 살아가는 능력을 갖추게 된 기생충의 돌연변이는 그 자체로 무작위적인 양자quantum 사건이다. 생물권에서 일어나는 진행은 **가능하게 함**과 관련 있다. 에필로그에서 다룰 경제의 진화도 마찬가지이다.

자연선택은 작동하는 부레를 '빚어내는' 데 역할을 한다.

그렇다면 자연선택이 부레에 기생충이 살 수 있도록 생태적 지위를 형성하도록 지시를 내린 것일까? 그렇지 않다. 그러나 진화는 그러한 선택을 하지 않으면서도 미래 진화의 가능성을 스스로 창조한다! 진화는, 진화를 일으키는 선택을 하지 않은 채로, 그 자신의 미래 경로를 발전시킨다!

부레의 출현을 (최초의 여과 섭식자인 패트릭처럼) 미리 알 수 있었을까? 부레, 비행 깃털, 중이의 뼈, 루퍼트와 슬라이와 거스를 **미리 알** 수 있었을까? 아니다. 앞으로 500만 년 동안 인류에게 일어날 모든 다윈적 전적응을 미리 이야기하려는 시도를 해보라. 그렇게 할 수 없다. 스크루드라이버에 대해 살펴보면 왜 그런지 바로 알 수 있다.

그러나 이것은 광대한 것을 의미한다. 우리는 어떤 일이 일어날지 알 수 없을 뿐만 아니라, 어떤 일이 가능한지도 알 수 없다. 동전을 1,000번 던지는 일과 비교해 보자. 앞면이 540회 나올까? 우리는 알 수 없지만, 이항정리를 이용해 확률을 계산할 수 있다. 우리는 어떤 일이 일어날지 알 수 없다. 그러나 어떤 일이 가능한지는 알 수 있다. 동전을 1,000번 던졌을 때 일어나는 경우의 수는 $2^{1,000}$승이다. 우리는 이 과정의 표본 공간을 알고 있다. 우리는 전적응에 의한 생물권의 진화에 대해서는 표본 공간조차 알 수 없다! 우리는 어떤 일이 가능한지조차 알 수 없다. 이것은 우리가 무슨 일이 일어날지 확률 척도를 공식화할 수 없다는 뜻이다. 표본 공간을 모르기 때문이다.

여기에서 나오는 귀결로, 우리는 생물권의 특정한 진화에 대해 어떤 법칙도 만들 수 없다. 따라서 생물권의 진행은 어떤 법칙에 의해서도 함의되지 않으며, 진화하는 생물권은 기계가 아니다.

스크루드라이버의 다양한 용도

평범한 스크루드라이버의 용도를 모두 나열해 보라. 예를 들어, 2017년의 뉴욕에서 스크루드라이버의 용도에는 어떤 것이 있을까? 나사 돌리기, 페인트 깡통 따기, 창문에 퍼티 바르기, 예술 작품의 오브제로 전시하기, 등 긁기, 문틈을 찔러 문 열기, 창문이나 문이 닫히지 않도록 찔러 놓기, 막대기 끝에 묶어 작살로 이용해 물고기 잡기, 잡은 물고기의 5%를 받는 조건으로 작살을 빌려주기 등이다.

그렇다면 스크루드라이버의 용도는 무한할까? 아니다. 무한은 스크루드라이버의 용도 같은 것과는 전혀 다른 것이다. '무한'이라고 말하려면 정수가 0, 1, 2, 3, N, N + 1…로 나열되듯 반복이 필요하다. 그러나 N가지 스크루드라이버 사용법이 있다면, 그다음 N + 1번째 사용법은 무엇인가? 이것을 영원히, N에서 무한대까지 나열할 수 있는가? 그렇게 할 수 없다.

스크루드라이버 사용법은 **한정되어 있지 않다**. 여러분은 한정되어 있지 않다는 것을 받아들일 것인가? 받아들인다면, 당신은 삶을 잃게 될지도 모른다.

여기에 네 가지 척도가 있다. 첫째, 명목 척도는 단순히 사물 이름의 집합이고, 집합의 원소 사이에 아무런 순서 관계가 없다. 둘째, 부분적 순서 척도는 X가 Y보다 크고, Y가 Z보다 크면 X가 Z보다 크다는 것이다. 셋째, 간격 척도는 온도계와 같아서, 0도에서 1도까지의 거리가 1도에서 2도까지의 거리와 같고, 0은 아무 의미가 없다. 넷째, 비율 척도는 미터자와 같다. 2미터는 1미터의 두 배이다.

스크루드라이버의 사용은 단순한 명목 척도이다. 스크루드라이버의 용도들 사이에는 순서 관계나 고정된 간격이 없다.

나는 다음의 두 가지 결과를 주장한다. **첫째, 스크루드라이버의 모든 용도를 열거할 수 있는 규칙에 따른 절차나 알고리즘은 없다. 둘째, 스크루드라이버의 새로운 용도를 열거하는 알고리즘은 없다**! 우리는 스크루드라이버의 모든 용도를 말할 수 없을 뿐만 아니라, 그다음의 새로운 용도 또한 연역할 수 없다.

그러나 다윈적 전적응 또는 선택적 진화는 스크루드라이버의 새로운 용도를 생성한다. 따라서 새로운 환경에 처한 박테리아의 선택적 진화에서 발생하는 일은, 박테리아가 그 환경에서 사용할 어떤 분자 스크루드라이버를 찾아낸 것이다. 유전성 변이와 자연선택으로 주어진 새로운 용도, 따라서 새로운 **기능**이 진화하는 생물권에서 창발할 것이다. 패트릭은 펩티드로 바위에 붙어, 최초로 정착형 섭식을 하게 되었다. 그러나 앞의 논의에 따라, 우리는 스크루드라이버의 새로운 용도를 미리 알 수 없고, 따라서 새로운 기능 역시 미리 알 수 없다. 우리는 생물학적 진화의 표본 공간을 알지 못하며, 따라서 생물권의 진행은 기계와 같지 않다. 다윈적 전적응이나 선택적 진화는 항상 공동 선호에 의해 일어나며, 우리는 그 진행을 미리 알 수 없다. 게다가 적합도를 끌어올

릴 용도를 찾았다는 것은 더욱 잘 적응하는 자가 나타난 것이고, 이것은 다윈이 풀지 못했던 문제이다.

나는 우리가 괴델의 불완전성 정리를 넘어선 것이라고 생각한다. 이것은 충분한 공리空理의 집합이 주어졌지만, 그 공리로 결정 불가능한 명제가 있다는 것을 의미한다. 이 명제들에 새로운 공리가 추가되면, 결정 불가능한 명제들이 다시 생긴다. 내 생각에 스크루드라이버에 관한 주장은 괴델을 넘어선다. 무엇보다도 괴델은 공리 집합으로부터 자신의 정리를 정식화했다. 생물권의 진화는 되는 대로 되어가는 듯 보여서 공리 집합이 없으며, 우발적이기는 하지만 완전히 무작위는 아니다. 생명의 특정한 진행은 수학화할 수 없으며, 진화의 특정 방향을 조망하는 이론은 희망이 없다는 것이 내 생각이다.

다음 사진은 임시변통의 예로 내가 가장 좋아하는 예이다. 시드니의 동료 이언 윌커슨의 집 지붕에 물이 새서, 수리공으로 일하는 친구에게 도와 달라고 부탁했다. 그는 새는 곳 밑에 임시로 깔때기를 설치했고, 관을 연결해 난간으로 넘긴 다음, 실외로 늘어뜨려서 천천히 물이 빠지도록 했다. 일을 하는 중에 집의 램프 하나가 너무 길게 늘어져 있어서, 그 전

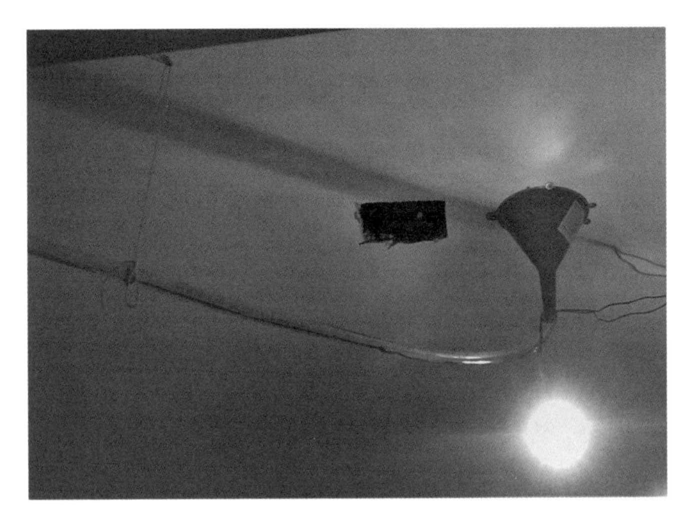

사진 11-1 임시변통의 한 예(Jacob, 1977).

선을 관에 묶었다. 임시변통에 또 임시변통을 한 것이다. 간단히 처리한 것은 모두 잘 유지되었고, 며칠 뒤 제대로 된 수리를 할 때까지 버틸 수 있었다.

임시변통이란 무엇인가? 물건이나 과정을 원래의 목적이 아닌 곳에 사용하는 것을 말한다. 여러분은 보편적인 임시변통 키트에 관심 있을 것이다. 그것은 배관 테이프와 WD-40 윤활유이다. 고쳐야 할 물건이나 설비가 움직이면, 테이프를 붙여 고정한다. 그다음 WD-40을 뿌린다! 그래도 해결되지 않으면 배관 테이프를 붙인다.

그럼 임시변통의 연역적 이론은 만들 수 있을까? 아니다. 그것은 어떻게 작동하는 것인가? 적절한 해결책을 찾기 위해 물건이나 방법을 활용하는 새로운 용도는 물이 새는 배관이나 부서진 자전거 바퀴 같은 특정 상황에 따른다. 다른 문제를 풀 때 임시변통에 대한 연역적 이론은 없지만, 우리는 늘 임시변통을 한다.

우리는 발명가이다. 진화도 마찬가지이며, 특히 패트릭이 그렇다. 그리고 누구도 미리 우리가 어떤 것을 발명할지, 이 발명에서 어떤 것이 나올지 예측할 수 없다. 고려해야 할 것이 더 있다. 여러 가지 물건이 있다면, 철사, 테이프, 스프링, 윤활제 따위의 잡동사니가 가득 든 도구 상자가 있다면 임시변통은 더 용이해질까? 물건이 많으면 쉬워진다.

생물권의 진화에서도 마찬가지다. 선택적 진화는 생명 문제에 대한 임시변통의 해법이다. 물건과 방법이 다양할수록, 적어도 어떤 일에 대해서는 생명체가 임시변통하기에 더 쉬워진다. 더 많이 있다면 더 다양하게 대처할 수 있다. 이것이 F. 제이콥이 말한 진화의 브리콜라쥬이다(Jacob, 1977).

패트릭이 루퍼트를 불러오고, 루퍼트가 슬라이를 불러오

고, 슬라이가 거스를 불러오고, 거스는 … . 다양한 생명체가 상호작용할수록, 더 많은 방식으로 임시변통할 기회들이 생긴다. 그리고 이러한 선택적 진화는 새로운 생명체 또는 생명체의 특성을 만들고, 그들은 전체적인 '맥락'을 더 확장한다. 그리하여 더 많은 선택적 진화가 일어날 수 있게 된다. 다시, 이것이 또 새로운 생명체를 만들어낸다!

생물권은 다양성으로 폭발하고, 다윈이 말한 자연의 들판에 점점 더 많은 균열을 만들어, 바로 자연의 들판, 자연 그 자체가 된다.

12장

물리학 너머의 세계

A World
Beyond Physics

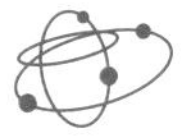

여기에서는 생명이 물리학에 뿌리를 두고 있지만, 그 너머에 예측 불가능한 수많은 방법으로 살아가는 방식을 만들어낸다는 것을 증명하고자 한다. 이것이 바로 이 책을 쓴 목적이기도 하다. 세 회로(제약, 일, 촉매) 덕분에 생명 시스템은 문자 그대로 자기 자신을 구축하고, 원자 수준 위의 비에르고드적 우주에서 끝없이 개방적인 복잡성을 향해 자신을 구축해 간다. 어떤 법칙도 이 기적을 기술하거나 연역할 수 없다.

엔트로피와 진화

유명한 열역학 제2법칙은 닫힌계에서 무질서 또는 엔트로피가 증가한다고 말한다. 진화는 증가하는 광대한 복잡성, 생명체의 조직화, 생물권을 이루는 생태계의 이야기이다. 정녕 열역학 제2법칙 때문에 생물권이 복잡하게 발전할 수 없는 걸까? 답은 "아니오"이다. 먼저, 열린계에 질 좋은 에너지(파란 광자 같은)가 들어오면 열역학적인 일을 할 수 있다. 이 경우에는 광합성이 일어나 에너지가 줄어서 적색 편이된 광자를 내보낼 수 있다. 물론 이 과정에서 엔트로피가 생성된다.

그러나 세 회로의 연합(제약, 일, 촉매)에 의해 원시세포와 그 후손들은 문자 그대로 열역학적인 일을 이용해 자신을 구축하고, 이 과정에서 그들에게 허용된 자유 에너지를 이용하면서 엔트로피를 생성한다. 원시세포와 그 후손들에게 주어진 유전성 변이와 자연선택에 의해 생물권 속에서 생명체들은 자기를 구축하고, 서로 얽혀 복잡성을 만들어간다. 그들은 엔트로피 증가가 자신들을 무너뜨리는 것보다 더 빠른 속도로 나아간다. 질서가 이기는 것이다.

앞에서 도구 상자에 도구가 많을 때 임시변통이 더 쉽다는 것을 확인했다. 또한 진화의 많은 부분이 다윈적 전적응에 의해 일어난다는 것 또한 알았다. 패트릭의 펩티드처럼 여러 기관과 특성이 '여기에 쓰이는 것이 저기에도 쓰이는' 공동 선호에 따라 진화하며, 구체적으로 무엇이 공동으로 선호될지는 미리 알 수 없다.

원시유기체들과 유기체들(패트릭, 루퍼트, 슬라이)이 다양해지면서 점점 더 많은 생태적 지위가 형성되었다. 이로 인해 '맥락'과 '용도'가 다양해지면서 가능성이 폭증하는 생물권 속에서 살아갈 새로운 방법을 더 쉽게 찾을 수 있게 되었다.

예측할 수 없는 유기체들이 언제나 이 생태적 지위를 채워, 다시 새로운 맥락과 기회를 만든다. 전체 계는 자기증폭적인 방식으로 그 자신이 만들어내는 인접 가능성으로 '폭발'한다. 그리고 앞에서 지적했듯이, 선택은 이 창발적인 펼쳐짐의 마법을 해내지 못한다.

똑같은 일이 세계 경제에서도 벌어진다. 먼 옛날 세계 경제에는 대략 1,000가지 물건과 서비스(예를 들어, 5만 년 전의 석기) 정도뿐이었겠지만, 오늘날은 수십억 가지로 폭발했다. 상품과 서비스는 생물권의 종처럼 더 많은 신상품과 서비스를 위한 생태적 지위를 가능하게 했고, 지금 존재하는 것들이 생겨날 수 있도록 했다.

IBM 메인프레임 컴퓨터가 창출한 시장은 애플의 개인용 컴퓨터가 생긴 직접적인 원인은 아니었지만, 그것을 가능하게 했고, 칩의 발명과 다른 제조자들도 이끌었다. 이것은 워드 프로세싱, 스프레드시트, 마이크로소프트 같은 회사들이 나타난 직접적인 원인은 아니었지만, 그 회사들의 탄생을 가능하게 했다. 이것은 모뎀과 파일 공유의 직접적인 원인은 아니었지만, 그것들의 발명을 이끌었다. 이것은 월드와이드 웹의 직접적인 원인은 아니었지만, 그것이 나타날 수 있게 했다. 또한 이베이와 아마존의 온라인 판매에 직접적인 원인을 제공하지 않았지만 온라인 판매를 가능하게 했다. 이것이 구글과 같은 검색 엔진의 직접적인 원인은 아니었지만, 그것이 생겨날 수 있도록 했다. 개인용 컴퓨터로부터 시작된 각각의 새로운 상품은 그 앞의 상품에 의해 가능하게 되었다. 놀랍게도, 경제 성장 이론은 이런 사실을 무시하는 것 같다.

요컨대, 생물권에서 그리고 '경제권'에서, 생태적 지위는 자기증폭적으로 생성된다. 두 경우 모두, 현재의 계가 미리 알 수 없는 인접 가능성을 만들어 그 방향으로 계를 이끈다. 우리는 그다음 단계로 가능한 것으로 되어가고, 우리 자신이 바로 그 가능성을 만들어낸다. 부레는 기생충이 부레 속에 살도록 진화할 가능성을 만들어냈다. 이것이 생명이다. 창발적인 복잡성으로 솟구쳐 예측할 수 없고, 발산적으로 펼쳐지며 수많은 기적을 만들어낸다. 우리도 그 일부인 것이다.

생물학은 물리학으로 환원될 수 없다

2장에서 살펴보았듯이, 생물학은 물리학으로 환원될 수 없다. 물리학은 기능을 인과적 결과의 부분집합으로 구분할 수 없기 때문이다. 심장의 기능은 혈액을 펌프질하는 것이지, 박동 소리를 내는 것이 아니다. 그러한 기능이 **존재**해야 할 **유일한 이유**는 심장을 가진 생명체가 번식하고 선택되도록 돕기 때문이다.

심장이 원자 수준 위의 비에르고드적 우주에 존재하게 된 이유는 오로지 심장을 가진 생명체가 살아갈 수 있도록 피를 펌프질하는 기능을 띠도록 진화했기 때문이다. 그러나 37억 년 전의 상황에서 심장과 부레의 창발을 연역해 낼 수는 없다. 그러나 여기에는 더 많은 것이 있다. 우리는 생물학적 진화의 위상 공간phase space을 미리 말할 수 없다.

물리학에서는 언제나 계의 위상 공간을 미리 정의한다. 뉴턴의 경우에, 주어진 세 가지 운동법칙에 따라 위상 공간을 경계조건으로 (예를 들어, 당구대의 경계) 정의할 수 있다. 이렇게 해서 모든 위치와 운동량의 위상 공간을 정의할 수 있고, 당구대 위에서 공이 움직일 수 있는 모든 방식을 열거할 수 있다. 그런 다음에 뉴턴의 법칙을 미분방정식의 형태로 쓴다. 여기에 초기조건과 경계조건을 주고, 방정식을 적분해 공의 궤적을 계산한다.

뉴턴의 방정식을 적분한다는 것은, 초기조건과 경계조건에 맞춰 미분방정식의 결과에 따라 공의 궤적을 정밀하게 **연역**하는 것이다. 그런데 연역은 논리적 함의를 찾는 것이다. 모든 사람은 언젠가 죽는다. 소크라테스는 사람이다. 소크라테스는 언젠가 죽는다. 이것이 연역의 힘이다.

당구대에서 옳은 것은 고전 물리학에서도 옳다. 로젠이 말했듯이, 뉴턴은 이러한 연역으로 아리스토텔레스의 작용인efficient cause을 수학화했다. 뉴턴적 세계는 우주의 초기조건과 뉴턴 법칙에 따라 논리적으로 연역된다.

그러나 생물학은 다르다. 생물학적인 기능은 생물학적 진화를 나타내는 위상 공간의 일부다. 물을 마시기 위한 코끼리의 코, 귀와 중이 뼈와 청각, 피를 펌프질하는 심장, 물속에서 부력을 느낄 수 있게 하는 부레 등이 그렇다.

우리는 늘 새롭게 생겨나는 기능들에 대응해 끊임없이 변하는 위상 공간을 **미리 알 수 없다**! 따라서 우리는 이러한 창발을 기술하는 운동법칙을 쓸 수 없다. 연역적 법칙이 없으므로 운동 방정식을 적분할 수도 없다.

어떤 법칙도 생물권의 창발을 함의하지 않는다

패트릭과 루퍼트의 시대에서 시작해 진핵세포와 다세포생물을 거쳐 원시 동식물군이 생겨난 캄브리아기의 대폭발을 지나 우리의 선조인 어류, 양서류, 파충류, 포유류, 영장류가 나타나는 과정에 대해, 우리는 어떤 운동법칙도 얻을 수 없다. 그렇기는커녕, 이 과정에서 일어나는 특정한 단백질 생성을 기술하는 운동법칙조차 얻을 수 없다.

우리는 미리 알 수 없는, 말 그대로 상상이 어려운 수많은 창발 속에서 살고 있다. 우리는 창발의 구체적인 법칙을 찾아낼 수 없는 데다 우리의 생명은 물리학에 바탕하고 있어도, 물리학을 넘어섰다.

생명의 세계는 기계가 아니다. 뉴턴의 법칙과 더불어 모든 입자의 위치와 운동량으로 세계 전체를 계산할 수 있는 라플라스의 악마가 연역해 낼 수 없는 영역이다.

생물권은 우주의 일부다. 와인버그의 최종 이론에서 궁극의 꿈인 환원주의에 따르면, 우리는 우주에서 일어나는 모든 일을 연역할 수 있어야 한다. 이 이론은 모든 것을 함의한다. 그러나 생물권의 출현을 연역해 낼 법칙은 없다. 생물권도 우주의 일부이므로, 환원주의는 틀렸다. 최종 이론은 없다.

생명은 세 회로(제약, 일, 촉매) 덕분에 문자 그대로 위쪽으로, 즉 태양을 향해 가지를 뻗는 나무를 만든다. 생명은 다윈이 말한, 자연의 들판에 생기는 틈새에 맞춰 자기를 뜯어고친다. 자연 속에서 생명은 언어로 표현할 수 없는 창의성을 한 번에 폭발시켜 자기 자신을 창조해 간다. 패트릭에서 시작해 미생물 세계로, 진핵생물 세계로, 동물과 식물의 세계로, 다윈의 "가장 아름다운 형태"가 나타났다.

이 광대한 창발의 펼쳐짐은 물리학을 넘어서지만, 여전히 물리학을 바탕으로 한다. 생명은 자기를 창조하며, 방대한 진화적 다양성을 스스로 확보한다.

우주 전체에 10^{22}개쯤 있다고 추정되는 태양계들에 생명이 존재한다고 하면, 자기를 구축하면서 다양하게 펼쳐지는 생물권이 우주에 널리 퍼져 있는 셈이다. 생명은 물리학 너머에 있으며, 증가하는 창발과 복잡성 덕분에, 진화하는 우주 속에서 물리학만큼이나 거대하다고 할 수 있다.

이 세계가 바로, 물리학을 넘어선 곳이다.

생명은 놀라운 가능성으로 자기 자신을 만든다

나는 이 책을 통해 생물권의 진화와 경제의 진화 사이에서 유사성을 암시했다. 에필로그에서는 이 아이디어를 좀 더 자세히 다루고자 한다. 5만 년 전의 세계 경제는 수천 가지의 상품과 서비스를 가지고 있었을 것이고, 여기에는 불, 돌도끼, 가죽 등이 포함되었을 것이다. 오늘날에는 뉴욕에만 십억 개가 넘는 상품과 서비스가 있을 것이다. 세계 경제는 다양성으로 폭발했다. 문제는 이 폭발이 어떻게 그리고 왜 일어났는가 하는 것이다.

경제는 (곧 더 자세히 설명하겠지만) 보완과 대체의 네트워크이다. 나는 이것을 '경제 웹'이라고 부르고자 한다. 경제의 진화는 생물권과 마찬가지로 본질적으로 예측이 불가하고, 맥락 의존적이며, 인접 가능성의 범위를 결정하는 맥락을 만들어내는 데다, 이 맥락 자체를 성장시킨다. 인접 가능성이란, 진화에서 그다음에 일어날 수 있는 일을 말하는 것으로, 진화는 자신이 만들어내는 바로 그 인접 가능성의 기회에 '휘말려 들어가는' 것이다.

여기에서는 단일 기술의 다양한 진화에 관해서는 다루지 않겠다. 브라이언 아서William Brian Arthur가 《기술의 본질*The Nature of Technology*》에서 훌륭하게 설명했다. 그것보다, 나는 경제 웹의 전체적 진화에 관해 말하고 싶다. 상품과 서비스는 새로운 생태적 지위를 만들어 새로운 보완재와 대체재를 만들도록 유도한 다음, 웹 전체가 다양한 방향으로 성장하도록 한다.

보완과 대체는 중심적인 아이디어이다. 스크루와 스크루드라이버는 함께 사용되어, 나사를 조이는 것과 같은 가치를 만들어낸다. 그래서 이 두 가지는 보완재이다. 나사못과 못은 판자 둘을 하나로 고정하는 데 사용할 수 있다. 이것들은 서로를 대체한다. 경제 웹은 모든 상품과 서비스의 웹이다. 각각의 상품과 서비스는 점으로 표시되고, 파란 줄이 모든 보완재를 연결하며 빨간 줄은 모든 대체재를 연결한다. 수십 억 개의 상품과 서비스가 있는 이 웹은 진정으로 매우 복잡하다.

상품과 서비스 외에 '필요'에 관해서도 살펴보자. 상품에서 '필요'의 첫 번째 의미는 보완한다는 뜻이다. 나사는 스크루드라이버가 조일 대상으로 필요하다. 두 번째 의미는, 우리 인간에게는 종종 두 개의 물건을 하나로 고정하는 일이 필요하다는 것이다. 궁극적으로, 상품과 서비스에 대한 요구는 우리의 목적과 필요에 의존한다. 후자는 경제학에서 효용 이론의 기초가 된다. 효용 이론은 이따금 수학적으로 (사과 대 오렌지를 소비하는 것과 같은) 개인의 관점에서 상품들의 교환 가치를 정의하려고 한다.

필요가 충족되지 않는다면, 여기에서 경제적 기회가 생긴다. 경제학자들은 전형적으로 두 번째 의미를 중시하지만, 첫 번째 의미가 경제 웹 진화의 많은 부분을 구동한다. 주어진 기술에 사용할 보완재가 **필요**하기 때문이다. 따라서 새로운 기술은 새로운 보완재를 '필요로 함으로써' 경제 성장을 끌어갈 것이다.

경제 웹의 진화

지난 80년 동안 정보기술의 세계는 폭발적으로 발전했다. 1930년대에, 튜링이 디지털 컴퓨터의 정식화인 튜링 기계를 발명했다. 제2차 세계대전 중에, 튜링의 아이디어는 펜실베이니아 대학교에서 ENIAC 기계로 구현돼 해군 포탄의 궤적 계산에 사용되었다. 전쟁이 끝난 뒤에 폰 노이만은 메인프레임 컴퓨터를 발명했다. 얼마 뒤에는 IBM이 최초의 상업용 기계를 만들었다. 높은 판매를 기대하지 않았지만, 메인프레임은 널리 팔렸고, 칩의 발명으로 개인용 컴퓨터로 가는 길이 열렸다.

메인프레임은 개인용 컴퓨터 발명의 직접적인 원인은 아니었지만, 메인프레임이 만든 넓은 시장 덕분에 개인용 컴퓨터가 쉽게 시장에 침투할 수 있었다. 게다가 스프레드시트는 기술의 역사에서 개인용 컴퓨터 시장의 폭발을 일으킨 킬러 앱으로 자주 묘사된다. 스프레드시트는 개인용 컴퓨터의 보완재로, 상호 간에 시장 점유를 도와주었다.

개인용 컴퓨터는 워드 프로세싱 발명의 직접적인 원인은 아니었지만, 이것을 가능하게 했고, IBM 퍼스널 컴퓨터의 운영 체제를 만들기 위해 설립된 마이크로소프트와 같은 소프트웨어 회사의 등장을 불러왔다. 워드 프로세싱과 수많은 파일은 파일 공유의 가능성을 가져왔고, 여기에서 모뎀이 발명되었다. 파일 공유는 월드와이드웹 발명을 가능하게 했다. 웹은 온라인 쇼핑을 가능하게 했고, 이베이와 아마존이 등장하게 되었다. 그리고 이베이와 아마존은 수많은 사용자들과 마찬가지로, 콘텐츠를 웹에 올려 웹 브라우저의 발명을 이뤘고, 구글과 같은 회사들이 생겨나는 계기가 되었다. 이렇게 해서 소셜 미디어와 페이스북이 생겨났다.

이제 이러한 연속적인 혁신의 거의 모든 것이 이전 혁신의 보완이란 것에 주목하자. 각 단계에서 존재하는 상품과 서비스는 그다음 상품과 서비스가 출현하는 '맥락'이다. 워드 프로세싱은 개인용 컴퓨터의 보완이고, 모뎀은 워드 프로세싱의 보완이며, 웹은 서로 연결된 방대한 모뎀으로, 파일 공유에 대한 보완이다. 파일 공유의 기회는 모뎀의 발명을 '불러왔다'.

나는 다시, 상품과 서비스가 맥락으로서 그다음의 상품과 서비스의 원인이 되었다기보다는 가능하게 했다는 점을 강조한다. '가능하게 함'은 물리학에서 사용하는 용어가 아니다.

자동차 산업에 대해서도 유사한 역사를 말할 수 있다. 자동차가 발명되어 보급되자 주요한 운송 수단이었던 말이 사라졌다. 이와 함께 대장간, 사륜차, 말채찍, 목장도 사라졌다. 자동차와 함께 석유 산업, 포장도로, 교통 통제, 모텔, 패스트푸드 레스토랑, 교외 지역이 생겨났고, 교외에 사는 사람들이 도시에서 일하기 위해 자동차를 필요로 하게 되었다. 휘발유와 모텔은 자동차의 보완이다. 이처럼 진화의 각 단계는 다음 단계를 낳는다.

메인프레임과 개인용 컴퓨터가 있을 때, 워드 프로세싱은 경제 웹에서 인접 가능성으로 주어지는 기회이다. 인접 가능성이란 지금 존재하는 것의 맥락에 따라, 다음 단계의 존재로서 가능한 것을 의미한다. 일반적으로 경제 웹에서 그다음의 진화는 무엇이든 지금의 실재에서 나오고, 지금의 실재로 가능해진 인접 가능성으로 흘러들어 간다.

알고리즘적 인접 가능성

레고 세계를 생각해보자. 과녁 모양의 아주 많은 동심원

무늬에서 중심 원을 블록으로 채운다고 하자. 레고 블록을 한 번 끼워서 조립할 수 있는 모든 물체를 첫 번째 동심원에 놓는다고 하자. 두 번 끼워서 조립할 수 있는 물체는 두 번째 동심원에 놓고, 이렇게 무한대로 간다. '지금' 있는 레고 블록 구조물, 예를 들어 일곱 번째 동심원에는 일곱 번 끼워서 조립할 수 있는 레고 구조물이 있다. 이 동심원에 있는 레고 구조물에 따라 한 번 더 끼워서 만들 수 있는 모든 구조물의 형태가 결정된다.

조립할 때 레고 블록을 끼우기만 해야 한다면, 이 세계는 완전히 '알고리즘적'이다. 물론 블록을 끼우는 대신에 스카치테이프로 둘을 붙이거나 하지 않아야 한다. 경제에서 진정한 인접 가능성은 알고리즘적이지 않으며 예측 불가능하다는 것을 곧 알게 될 것이다.

라이트 형제의 비행기를 생각해 보자. 이것은 등유 엔진, 날개, 자전거 바퀴, 프로펠러의 조합이다. 인쇄기는 포도주 압착기와 활자의 조합이다. 새로운 상품은 이러한 조합인 때가 많다. 예를 들어, 경비행기에 붙어 있는 낙하산은 공기 브레이크로 작동할 수 있다. 아서는 《기술의 본질》에서 같은 주장을 했다.

새로운 기술은 현재 존재하는 기술로부터 성장한다. 실재가 인접 가능성으로 흘러들어 간다. 따라서 경제 웹은 그 자신이 '기회'를 만들고, 그 자신이 만들어내는 바로 그 인접 가능성을 구현하며 성장한다.

경제의 비알고리즘적이고 예측 불가능한 인접 가능성

레고의 세계는 알고리즘적이지만, 실제의 경제는 그렇게 제한적이지 않다. 나는 '스크루드라이버 논증'과 임시변통에 대해 논한 바 있다. 여기에서 스크루드라이버의 모든 용도를 나열할 수 있는 알고리즘도, 스크루드라이버의 다음 용도를 열거할 수 있는 알고리즘도 없다고 결론 내렸다. 하지만 우리는 항상 스크루드라이버의 새로운 용도를 발견한다. 우리는 단지 제임스 본드가 위기에 처했을 때, 스크루드라이버를 이용해 상황을 유리하게 이끌었던 것만 기억하면 된다.

그러나 이러한 새로운 용도는 전형적으로 예측 불가능하다. 게다가 이 새로운 용도가 바로 혁신의 핵심이다. 산업계는 지금 이것을 깨닫고 있다. 예를 들어, 크라우드 펀딩을 생각해 보자. "여러분, 제가 만든 새로운 물건이 유용하지 않은가요?" 그러므로, 지금 있는 것들로 가능한 사물과 방법을 새롭게 이용하는 것이 경제 웹이 인접 가능성으로 예측 불가능하게 확장하는 방식이다.

이 모든 것을 잘 보여 주는 일화가 있다. 아이폰이 처음 나왔을 무렵 도쿄에 살던 한 사람의 이야기이다. 그는 비좁은 아파트에서 갓난아기와 함께 살고 있었고, 집 안은 수많은 책으로 발 디딜 틈이 없었다. 그는 아이폰으로 책의 모든 페이지를 복사한 다음, 그 책을 팔면 집 안에 더 많은 공간을 확보할 수 있다는 것을 깨달았다. 그리고 그는 원시세포 패트릭처럼 자신의 기회를 실현시켰다. 도쿄의 수많은 가정집 역시 비좁은 아파트에 살고 있었다. 그는 아이폰을 이용해 그들이 소유한 책을 복사해 준 다음, 책을 팔아 판매액 일부를 자기의 이익으로 만드는 사업을 시작했다! 이 사업은 성공했고, 지금은 그 자체가 모방되고 있다. 그의 기회는 무엇이었을까? 비좁은 아파트, 아이폰, 도서 시장이다. 이 새로운 사업은 그의 혁신이었다.

이를 통해 우리는 중요한 결론에 도달할 수 있다. 경제 웹의 성장은 그 자신이 만들어내는 인접 가능성 속으로 빨려들어 간다!

우리는 인접 가능성의 '크기'를 측정할 수 없다. 그 안에 무엇이 들어 있는지도 알 수 없다. 동전을 1,000번 던져서 앞면이 540번 나오는지 묻는다고 가정해 보자. 우리는 모르지만, 이항정리를 이용해 확률을 계산할 수는 있다. 우리는 동전을 1,000번 던졌을 때 $2^{1,000}$가지의 가능한 결과가 나온다는 것을 알고 있다.

그러나 경제 웹이 인접 가능성으로 진행하는 것에 대해서, 우리는 표본 공간을 알지 못한다! 그러므로, 우리는 확률 척도를 구성할 수 없다. 따라서 우리는 인접 가능성의 크기를 알 수 없다.

맥락과 용도의 다양성

스크루드라이버의 용도가 얼마나 많은지는 맥락의 다양성에 달려 있다. 아무것도 없는 장소에서는 스크루드라이버를 여러 가지 용도로 사용할 수 없지만, 2017년의 뉴욕에서는 스크루드라이버로 여러 가지 일을 할 수 있었다.

앞서 우리는 임시변통에 대해 살펴보았다. 나는 임시변통의 연역적 이론은 없다는 결론을 내렸다. 그러나 우리는 뭔가를 말할 수 있다고 생각한다. 임의의 문제에 대처할 때, 하나의 물건이나 방법으로, 말하자면 스크루드라이버 하나로 대처하는 것이 나을까, 아니면 여러 가지 물건들로(스크루드라이버, 구둣주걱, 철사, 못, 헝겊 등) 대처하는 것이 나을까? 명백히, 물건 하나보다는 여러 가지가 있을 때 임시변통이 쉽다. 지금 당장 정량화할 수는 없지만, 이것이 명확히 옳다.

요컨대, '맥락'의 다양성은 (여기에서는 사용할 수 있는 물건의 수) 그 물건들로 할 수 있는 일의 수와 관련 있다. 물건으로 가득한 차고가 텅 빈 차고보다 새로운 목적을 위해 동원할 수 있는 수단이 많은 것이다.

새로운 상품, 서비스, 생산력이 생기면, 이것들은 그 자신의 보완재나 대체재로서의 더 많은 새로운 상품과 서비스, 생산력이 나올 수 있는 성장 맥락을 제공한다. 상품, 서비스, 생산 기능이 매우 다양한 경제는 텅 빈 차고가 아니라 '잡동사니'로 가득 찬 차고와 같다. 여러 가지 잡다한 물건들로 가득한 차고에서는 임시변통이 쉬우며, 상품과 서비스와 생산 기능으로 가득 찬 경제에서는 새로운 상품과 서비스와 생산 기능을 발명하기가 더 쉽다.

그런데 이렇게 새로 나온 상품, 서비스, 생산력은 '차고'를 더욱 가득 채운다. 놀랍게도 경제는 성장에 따라 그 자신의 인접 가능성을 더욱 성장시키고, 이를 확장한다. 이 과정은 대체로 자기 가속적이다. 따라서 성장하는 경제 웹은 보완재와 대체재로 폭발하고, 5만 년 전 수천 개 혹은 수만 개의 상품에서 오늘날 수십억 개의 상품으로 폭발적인 증가를 이뤘다!

그러나 패트릭, 루퍼트, 슬라이, 거스로 시작해 6억 년 전부터 종의 다양성이 확장된 것에서 볼 수 있듯이 생물권의 진화에도 이것이 적용된다. 새로운 종들은 문자 그대로 더 많은 새로운 종을 위한 생태적 지위를 만든다. 새로운 상품은 더 많은 새로운 상품과 서비스와 생산 능력을 위한 틈새를 형성한다.

표준 경제 성장 모형에 관하여

내가 지금까지 이야기한 것은 대부분의 표준 경제 성장 모형들과 크게 다르다. 이들은 하나의 웹이 아니라 사실상 하나의 제품을 만드는 단일한 부문을 경제의 모형으로 삼는다. 그런 다음에 자본, 노동, 인간의 지식, 투자, 저축 등의 입력 요인을 고려하여 성장을 모형화할 수 있는 미분방정식을 작성한다. 이러한 방식은 얼마간 잘 작동하지만, 우리의 경제 웹처럼 새로운 상품과 서비스를 계속 만들어내는 경제에서는 잘 적용되지 않는다.

지금으로서는, 앞에서 설명한 예측 불가능한 진화에 대한 수학적 모형이 없다. 그러나 스트로가츠와 로레토가 중요한 첫발을 내디뎠다(Loreto et al., 2016). 그들은 인접 가능성에 대한 첫 번째 모형을 만들었다. 그들은 수학에서 폴리아 항아리pólya urn 모형이라고 부르는 것을 도입했다. 이 모형은 검은 공 50%와 흰 공 50%가 든 항아리에서 시작한다. 여기에서 무작위로 공을 고른다. 흰색(또는 검은색)이 나오면 공을 다시 집어넣으면서 흰색(또는 검은색) 공 하나를 더 넣는다. 문제는, 오랜 시간이 지난 뒤에 흰 공의 백분율이 일정해질 텐데, 이때의 백분율이 얼마인가 하는 것이다. 답은 0%와 100% 사이의 어떤 값도 될 수 있다. 즉, 검은 공 69%와 흰 공 31%가 될 수도 있고, 검은 공 0%와 흰 공 100%가 될 수도 있다.

스트로가츠와 로레토의 모형을 변형한 연구에서는, 적어도 두 가지 색의 공으로 시작한다(Loreto et al., 2016). 골랐던 공은 모두 항아리 속에 다시 집어넣는다. 반면 고른 공이 이전에 보지 못했던 색이라면 그 공을 집어넣고 임의의 **새로운** 색의 공을 하나 더 넣는다. 새로운 색은 새로운 인접 가능성을 모형화한다. 이 과정을 무한 반복한다. 이 과정에서 색의 멱함수 분포가 나오며, 이것은 지프의 법칙•과 히프의 법칙•• 모두에 맞는다. 무작위의 새로운 색깔은 알 수 없는 인접 가능성에 대한 모형화를 위한 최초의 시도이다. 데이터가 많을 때 지프의 법칙과 히프의 법칙에 잘 맞는다는 점은 고무적이다.

이 모형들은 모두 훌륭하지만, 아직 우리의 요구에 맞지는 않는다. 새롭게 집어넣은 공들이 앞의 것과 무관한 독립적인 후손들이기 때문이다. 새롭게 들어온 공이 앞의 공과 아무런 연관이 없다는 것이다. 이것들은 경제 웹의 진화에서 하나 또는 여러 개의 이전 상품들을 조합한 임시변통에서 나온 새

• Zipf' law. 가장 자주 나오는 데이터 값의 출현 빈도에 관련된 경험적 법칙.

•• Heap' law. 문서의 길이와 그 문서에 사용된 단어의 출현 빈도에 관련된 경험적 법칙.

로운 보완재와 대체재에 해당한다.

이 에필로그는 본문에서 설명한, 종들이 서로를 위해 생태적 지위를 만들면서 가능하게 되었던 생물권의 진화라는 아이디어를 확장시킨다. 이러한 진화는 예측 불가능한 다윈적 전적응에 의해 이루어진다. 생물권의 진화는 경제의 진화와도 매우 비슷한 과정으로 보인다. 두 경우 모두에서 (새로운 임시변통으로 가득 찬 차고와 마찬가지로) 생명은 놀라운 가능성을 통해 자기 자신을 만든다.

이것을 뉴턴-라플라스 기계라고 생각하는 것, 다시 말해 몇몇 공리계로부터 특정한 진행을 유도할 수 있다는 생각은, 크게 틀린 것으로 보인다. 나는 우리 인간을 포함해 모든 생명은 매우 풍부한 유전을 가지고 있다고 전망하기에 어떤 법칙으로도 포착할 수 없다고 생각한다.

- Arthur, Brian W.(2009), *The Nature of Technology*, New York: Free Press.
- Atkins, Peter W.(1984), *The Second Law*, New York: W. H. Freeman and Co.
- Damer, B.(2016), "A Field Trip to the Archaean in Search of Darwin's Warm Little Pond", *Life*, 6: 21.
- Damer, B. and Deamer, D.(2015), "Coupled Phases and Combinatorial Selection in Fluctuating Hydrothermal Pools: A Scenario to Guide Experimental Approaches to the Origin of Cellular Life", *Life*, 5, no. 1: 872~887. https://doi.org/10.3390/life5010872.
- Dawkins, Richard(1976), *The Selfish Gene*, Oxford, UK: Oxford University Press.
- Djokic, T., M. J. Van Kranendonk, K. A. Campbell, M. R. Walter, and C. R. Ward(2017), "Earliest Signs of Life on Land Preserved in ca. 3.5 GA Hot Spring Deposits", *Nature Communications*, 8: 15263.
- Dyson, Freeman(1999), *The Origins of Life*, Cambridge, England: Cambridge University Press.
- Erdős, P. and Rényi, A.(1960), "On the Evolution of Random Graphs", Hungary: Institute of Mathematics Hungarian Academy of Sciences Publication, 5.
- Farmer, J. D., Kauffman, S. A., and Packard, N. H.(1986), "Autocatalytic Replication of Polymers", *Physica D: Nonlinear Phenomena*, 2: 50~67.
- Fernando, C., Vasas, V., Santos, M., Kauffman, S., and Szathmary, E.(2012), "Spontaneous Formation and Evolution of Autocatalytic Sets within

Compartments", *Biology Direct*, 7: 1.
- Hordijk, W. and Steel, M.(2004), "Detecting Autocataltyic, Self~ Sustaining Sets in Chemical Reaction Systems", *Journal of Theoretical Biology*, 227: 451~461.
- Hordijk, W. and Steel, M.(2017), "Chasing the Tail: The Emergence of Autocatalytic Networks", *BioSystems*, 152: 1~10.
- Jacob, Francois(1977), "Evolution and Tinkering", *Science New Series*, 196(4295): 1161~1166.
- Kauffman, A. Stuart(1971), "Cellular Homeostasis, Epigenesis, and Replication in Randomly Aggregated Macromolecular Systems", *Journal of Cybernetics*, 1: 71~96.
- ________(1986), "Autocatalytic Sets of Proteins", *Journal of Theoretical Biology*, 119: 1~24.
- ________(1993), *The Origins of Order: Self-Organization and Selection in Evolution*, New York: Oxford University Press.
- ________(2000), *Investigations*, New York: Oxford University Press.
- LaBean, Thomas(1994), PhD thesis, University of Pennsylvania Department of Biochemistry and Biophysics.
- Lincoln, T. A. and Joyce, G. F.(2009), "Self-Sustained Replication of an RNA Enzyme", *Science*, 323: 1229~1232.
- Longo, G. and Montévil, M.(2014), *Perspectives on Organisms: Biological Time, Symmetries and Singularities*, Berlin: Springer.
- Longo, G., Montévil, M., and Kauffman, S.(2012), "No Entailing Laws, But Enablement in the Evolution of the Biosphere", In Proceedings of the 14th Annual Conference Companion on Genetic and Evolutionary Computation, 1379~1392. Sehttp://dl.acm.org/citation.cfm?id=2330163.
- Loreto, V., Servedio, V., Strogatz, S., and Tria, F.(2016), "Dynamics on Expanding Spaces: Modeling the Emergence of Novelties", In Creativity and Universality in Language, Lecture Notes in Morphogenesis, edited by M. Degli Esosti et al., Basel, Switzerland: Springer International Publishing.
- Montévil, Maël and Matteo Mossio(2015), "Biological Organisation as Closure of Constraints", *Journal of Theoretical Biology*, 372: 179~191. http://dx.doi.org/10.1016/j.jtbi.2015.02.029

- Prigogine, Ilya and Nicolis, Gregoire(1977), *Self-Organization in Non-Equilibrium Systems*, New York: Wiley.
- Pross, Addy(2012), *What Is Life? How Chemistry Becomes Biology*, Oxford, England: Oxford University Press.
- Rosen, Robert(1991), *Life Itself*, New York: Columbia University Press.
- Schrödinger, Erwin(1944), *What Is Life?: Mind and Matter?*, Cambridge, England: Cambridge University Press.
- Segre, D., Ben-Eli, D. and Lancet, D.(2001), "Compositional Genomes: Prebiotic Information Transfer in Mutually Catalytic Noncovalent Assemblies", *Proceedings of the National Academy of Sciences USA*, 97: 219~230.
- Serra, Roberto and Villani, Marco(2017), *Modelling Protocells: The Emergent Synchronization of Reproduction and Molecular Replication*, Dordrecht, The Netherlands: Springer.
- Snow, Charles Percy(1959), *The Two Cultures*, London: Cambridge University Press.
- Sousa, F. L., Hordijk, W., Steel, M., and Martin, W. F.(2015), "Autocatalytic Sets in E. coli Metabolism", *Journal of Systems Chemistry*, 6: 4.
- Vaidya, N., Madapat, M. L., Chen, I. A., Xulvi-Brunet, R., Hayden, E. J., and Lehman, N.(2012), "Spontaneous Network Formation Among Cooperative RNA Replicators", *Nature*, 491: 72~77. doi 10.1038/nature11549.
- von Kiedrowski, G.(1986), "A Self-Replicating Hexadesoxynucleotide", *Angewandte Chemie International Edition in English 25*, no 10: 932~935.
- Wagner, N. and Ashkenasy, Gonen(2009), "Systems Chemistry: Logic Gates, Arithmetic Units, and Network Motifs in Small Networks", *Chemistry: A European Journal* 15, no. 7: 1765~1775.
- Weinberg, Stephen(1992), *Dreams of a Final Theory*, New York, NY: Vintage Books.
- Woese, C. and Fox, G.(1977), "Phylogenetic Structure of the Prokaryotic Domain: The Primary Kingdoms", *Proceedings of the National Academy of Sciences USA*, 74: 5088~5090.

무질서가 만든 질서

1판 1쇄 인쇄 2021년 11월 24일
1판 1쇄 발행 2021년 12월 17일

지은이 스튜어트 A. 카우프만
옮긴이 김희봉

발행인 양원석 **편집장** 박나미
책임편집 김율리 **디자인** 김유진, 김미선
영업마케팅 조아라, 신예은, 이지원, 김보미

펴낸 곳 ㈜알에이치코리아
주소 서울시 금천구 가산디지털2로 53, 20층(가산동, 한라시그마밸리)
편집문의 02-6443-8826 **도서문의** 02-6443-8800
홈페이지 http://rhk.co.kr
등록 2004년 1월 15일 제2-3726호

ISBN 978-89-255-7905-4 (03470)